OBSERVATIONS

SUR LA VALEUR COMPARÉE

DE PLUSIEURS

RACES BOVINES ET OVINES

AU POINT DE VUE DE

LA PRODUCTION DE LA VIANDE

DE LA STRUCTURE ET DU RENDEMENT,

PAR M. ÉMILE BAUDEMENT.

Extrait des ANNALES du Conservatoire impérial des arts et métiers.

I

OBJET DE CE MÉMOIRE. — DONNÉES GÉNÉRALES DE L'OBSERVATION.

Dans l'exploitation des espèces domestiques par l'industrie agricole pour des buts divers, les animaux constituent de véritables machines. L'éleveur s'efforce d'en réaliser les meilleurs types, et cherche, dans les moyens dont il dispose, dans le jeu des rouages de ces machines, la somme la plus élevée de services et de produits. Les sciences physiologiques et anatomiques, d'autre part, s'unissent pour tenter de définir ces instruments puissants dans leurs organes et dans leurs fonctions, et de remonter jusqu'aux causes des différences constatées par l'étude des résultats obtenus.

Quand il s'agit des animaux de boucherie, le rendement à l'abatage est donc toujours ce qui préoccupe l'éleveur, de même qu'il fournit à la théorie de l'application la base la plus sûre pour juger des machines et des méthodes employées dans le dessein d'en tirer le meilleur parti. De sorte que tous les intérêts du producteur, et, par suite, ceux des consommateurs et des intermédiaires, se trouvent plus ou moins satisfaits, en définitive, par le degré de valeur du rendement, et que c'est par l'étude de ce rendement, plus ou moins important en quantité et en qualité, qu'on peut arriver à donner une caractéristique vraie et complète de chaque race.

En général, c'est principalement d'après le *poids net* par rapport à 100 du *poids vif* que s'estime l'animal de boucherie, et depuis longtemps de nombreuses observations faites après l'abatage, ont permis de reconnaître tout d'abord les faits propres à distinguer plusieurs types par l'importance de leur *poids net.*

On sait qu'on désigne sous le nom de *poids net*, le tronc et les membres, comprenant tout le squelette à peu près, toutes les parties musculaires dont les os forment la base, et une grande portion de graisse qui s'interpose entre les masses musculaires, ou qui se dépose en couche souvent épaisse sous la peau, tout autour du tronc.

Ce *poids net* résulte de l'ablation des viscères de toutes les cavités du corps mises à jour, de l'extraction du suif et des masses adipeuses qui enveloppent les reins, du dépouillement de l'animal dont en enlève les téguments, leurs appendices, et dont on sépare la tête et les pieds.

Le travail de l'abattoir fait donc deux parties du poids vif.

La première et la plus importante par la somme des matières alimentaires qu'elle fournit, comprend le *poids net*, qui ne reçoit aucune préparation, si ce n'est, que les membres antérieurs sont détachés du corps, et que le tronc est fendu dans toute sa longueur sur la ligne médiane de la colonne vertébrale. De là le nom de *quatre-quartiers* donné comme synonyme à l'expression de *poids net*. C'est en cet état que la viande est transportée à l'étal et y est débitée; nous la retrouverons chez le boucher, après avoir dit quelques mots de l'ensemble des parties qui restent à l'abattoir.

Le second groupe de produits, isolés du poids net, complémentaire du poids total de l'animal, est composé de l'ensemble des matières premières destinées à l'industrie, et de quelques organes qui vont à la consommation.

Ces matières premières ont une valeur différente et variable. La graisse recueillie dans la cavité abdominale et qui constitue le suif, réunie à la masse de substance grasse qui enveloppe les reins, tient le premier rang. Le cuir vient ensuite. Les organes internes contenus dans les cavités splanchniques, le sang, quelques issues secondaires, les fèces et les déchets, complètent, chacun pour sa part d'importance, le total du poids vivant.

La détermination des diverses sortes de produits fournis par l'animal de boucherie, leur répartition en deux grands groupes, ont éclairé bien des points de la question du rendement en quantité. Mais la connaissance du *poids net* lui-même ne suffit pas à l'appréciation de la valeur propre et comparée des races, il fallait encore s'efforcer de découvrir les signes auxquels la qualité des viandes peut être reconnue; et, après avoir appliqué la dégustation et les préparations culinaires comme contrôle, on arriva à compléter, en partie, les connaissances déjà acquises sur les différentes propriétés organoleptiques de la viande, chez un certain nombre de races.

Un pas de plus restait à faire, et ce n'était pas le moins utile.

Il s'agissait d'arriver à savoir ce que fournit, en définitive, de réellement utilisable, en passant des mains du boucher dans celles du consommateur, ce *poids net* qui n'avait encore été étudié qu'à la surface. Il importait de distinguer les modifications de composition que la viande présente, chez les diverses races, et dans les différentes parties du corps, en déterminant les variations qui se produisent dans les proportions de chair, de graisse et d'os. Par cette étude, les aptitudes des races se peuvent révéler, les influences de l'âge et du degré d'engraissement se manifestent, et l'on prend une idée exacte du véritable rendement, de la véritable valeur des bêtes de boucherie. L'éleveur est plus complétement renseigné et guidé dans le choix de la race et de ses animaux.

Les observations consignées dans ce mémoire ont pour but de répondre, par des faits, à ces desiderata de la théorie et de la pratique. Elles ont porté sur huit bœufs et quatre moutons.

Six bœufs avaient figuré, cette année (1862), à la grande exhibition de Poissy : trois appartenaient aux races françaises Landaise, Normande et Charolaise, et trois à des races britanniques, celles de Hereford, de Durham et d'Angus. Deux bœufs, un Salers et un Normand, furent, en outre, pris parmi les races qui approvisionnent le plus ordinairement le marché de Paris; c'était comme un terme de comparaison de l'engraissement commercial ordinaire, bien que de premier choix, avec l'engraissement exceptionnel des concours de boucherie.

Les dimensions principales des animaux et leur rendement à l'abattoir, ont été préalablement constatés. Ce travail a donné lieu à 63 mesurages et à 200 pesées comprenant le poids vif, le poids net, le poids du suif, celui du cuir, du sang, de tous les organes contenus dans les diverses cavités splanchniques, et des parties accessoires, chez tous les bœufs. Le Charolais seul n'a pu être mesuré.

Des moutons, au nombre de 4, parmi lesquels 2 avaient paru

à Poissy, et 2 furent achetés sur le marché d'approvisionnement de Paris, ont été soumis aux mêmes observations à l'abattoir; 92 pesées y furent exécutées. Les deux moutons de races indigènes, un Berrichon et un Mérinos métis-champenois, purent être comparés avec les deux moutons anglais Southdown et Costswold.

Tous les détails que fournissent les mesurages et les faits à l'abattoir, sont réunis aux tableaux A et B; on y voit que le poids de chaque organe, et celui de chaque produit, qui composaient le poids vif total, y sont indiqués. L'âge des animaux y est inscrit.

Un examen étendu de tous ces faits d'abatage n'a pas sa place dans ce mémoire, dont l'objet essentiel est d'apprécier la valeur du poids net, débité à l'étal. Mais il ne sera pas déplacé sur quelques points, et, au contraire, il servira, dans certaines limites, à compléter l'étude de la composition du poids net, pour chacun des morceaux vendus au consommateur.

TABLEAU A. — *Mensuration des bœufs soumis aux observations, et résultats des pesées faites à l'abattoir.*

RACE.	Bœufs primés au Concours de Poissy en 1862.						Bœufs de races françaises approvisionnant ordinairement les marchés de Paris.	
	Races françaises.			Races britanniques.				
AGE.	LANDAIS. 55 mois (4 ans, 7 m.).	NORMAND A. 64 mois (5 ans, 4 m.).	CHAROLAIS. 90 mois (7 à 8 ans).	HEREFORD. 39 mois (3 ans, 3 m.).	DURHAM. 41 mois (3 a. 4 m. 25 j.)	ANGUS. 57 mois (4 ans, 9 m.).	SALERS. 60 mois (5 ans).	NORMAND B. 72 mois (6 ans).
Taille au garrot	1m,42	1m,57		1m,45	1m,41	1m,55	1m,50	1m,63
Taille à la hanche	1 ,45	1 ,62		1 ,40	1 ,44	1 ,61	1 ,51	1 ,51
Circonférence thoracique	2 ,50	2 ,83		2 ,73	2 ,68	3 ,15	2 ,41	2 ,42
Largeur des hanches	0 ,60	0 ,70		0 ,65	0 ,60	0 ,75	0 ,58	0 ,61
Longueur du corps de la nuque à la queue	2 ,15	2 ,40		2 ,10	2 ,10	2 ,33	2 ,25	2 ,40
Longueur de la hanche à la queue	0 ,55	0 ,60		0 ,63	0 ,54	0 ,55	0 ,40	0 ,50
Grosseur de l'avant-bras	0 ,50	0 ,50		0 ,47	0 ,52	0 ,50	0 ,50	0 ,48
Grosseur du canon	0 ,21	0 ,21		0 ,19	0 ,20	0 ,22	0 ,22	0 ,23

	Landais		Normand A.		Charolais		Hereford		Durham		Angus		Salers		Normand B.	
	Poids absolus.	Rapport des poids à 100 de poids vif.	Poids absolus.	Rapports des poids à 100 de poids vif.	Poids absolus.	Rapports des poids à 100 de poids vif.	Poids absolus.	Rapports des poids à 100 de poids vif.	Poids absolus.	Rapports des poids à 100 de poids vifs.	Poids absolus.	Rapports des poids à 100 de poids vifs.	Poids absolus.	Rapport des poids à 100 de poids vifs.	Poids absolus.	Rapports des poids à 100 de poids vifs.
Poids vif au moment de l'abatage	760k	100	1010k	100	1090k	100	770k	100	850k	100	1215k	100k	690k	100	850k	100
Décomposition du poids vif. Poids net (sans rognons)	460	60,53	645	63,86	690	63,30	530	68,83	533	62,71	778	64,03	436	63,19	489	57,53
— du suif	98	12,89	123	12,18	95	8,72	75	9,74	129,50	15,24	183	15,06	40	5,80	67	7,88
— du cuir	49	6,45	55	5,45	71	6,51	46	5,97	45,50	5,35	58	4,77	64	9,28	57	6,70
— du sang	24	3,15	33	3,27	39	3,58	10,50	1,36	17	2,00	30	2,47	20	2,9[illegible]	36	4,24
— des organes internes	53,25	7,01	74,39	7,37	80,27	7,36	52,71	6,85	61,19	7,20	85,75	7,06	61,74	8,95	87,38	10,28
— de quelques parties accessoires	15,50	2,04	78,50	1,83	17,26	1,58	11,75	1,53	12,48	1,47	17	1,40	13,80	2,00	16,49	1,9[illegible]
Excréments	50	6,58	52	5,15	80	7,34	26	3,38	28	3,29	45,50	3,75	47	6,81	75	8,82
Pertes, déchets, épluchures, évaporat.	10,25	1,35	9,11	0,89	17,50	1,61	18,04	2,34	23,33	2,74	17,75	1,46	7,46	1,08	22,14	2,61

Tableau B. — *Pesées des organes internes et parties accessoires faites à l'abattoir.*

RACE.	BŒUFS PRIMÉS AU CONCOURS DE POISSY EN 1862. RACES FRANÇAISES. LANDAIS.		NORMAND A.		CHAROLAIS.		RACES BRITANNIQUES. HEREFORD.		DURHAM.		ANGUS.		BŒUFS DE RACES FRANÇAISES approvisionnant ordinairement les marchés de Paris. SALERS.		NORMAND B.	
AGE.	55 m. (4 a., 7 m.)		64 m. (5 a., 4 m.)		90 m. (7 à 8 ans.)		39 m. (3 a., 3 m.)		41 m. (3 a. 4 m. 25 j.)		57 m. (4 a. 9 m.)		60 mois (5 ans).		72 mois (6 ans).	
	Poids absolus.	Rapport des poids à 100 de poids vif.	Poids absolus.	Rapport des poids à 100 de poids vif.	Poids absolus.	Rapport des poids à 100 de poids vif.	Poids absolus.	Rapport des poids à 100 de poids vif.	Poids absolus.	Rapport des poids à 100 de poids vif.	Poids absolus.	Rapport des poids à 100 de poids vif.	Poids absolus.	Rapport des poids à 100 de poids vif.	Poids absolus.	Rapport des poids à 100 de poids vif.
	k	k	k	k	k	k	k	k	k	k	k	k	k	k	k	k
Poids des organes contenus dans les diverses cavités splanchniques. — Langue-larynx	3,50	0,46	6,00	0,59	5,45	0,50	4,21	0,55	5,60	0,66	6,00	0,49	4,10	0,59	6,65	0,71
Trachée	0,75	0,10	0,75	0,07	1,02	0,09	0,91	0,12	0,79	0,09	1,00	0,08	0,75	0,11	0,90	0,11
Poumons	3,50	0,46	3,75	0,38	5,00	0,46	3,43	0,45	4,29	0,51	3,50	0,29	3,10	0,45	5,92	0,69
Cœur	3,00	0,39	3,75	0,38	4,72	0,43	3,28	0,43	3,12	0,37	4,50	0,37	3,00	0,43	4,18	0,49
Foie	7,50	0,99	9,00	0,89	10,05	0,92	8,42	1,09	8,62	1,01	12,50	1,03	8,15	1,18	14,04	1,65
Rate	1,50	0,20	1,50	0,15	1,95	0,18	0,93	0,12	1,05	0,12	1,50	0,12	1,15	0,17	1,69	0,20
Estomacs. — Bonnet	2,00	0,25	1,75	0,17	2,10	0,19	1,24	0,16	1,33	0,16	2,25	0,19	2,00	0,29	2,96	0,34
Rumen	6,00	0,79	8,75	0,87	11,00	1,01	4,12	0,54	4,17	0,49	8,50	0,70	7,00	1,01	13,30	1,56
Feuillet	4,00	0,53	5,50	0,54	4,37	0,40	2,75	0,36	1,70	0,20	6,50	0,53	2,75	0,40	7,30	0,86
Caillette	1,50	0,20	2,75	0,27	3,68	0,34	1,67	0,22	2,14	0,25	2,50	0,21	1,90	0,28	2,47	0,29
Intestins. — Grêle	2,00	0,26	4,75	0,47	5,75	0,53	2,84	0,37	3,16	0,37	3,00	0,25	3,80	0,55	6,43	0,76
Gros	2,50	0,33	2,50	0,25	3,98	0,37	1,92	0,24	2,10	0,25	2,50	0,21	2,50	0,36	3,47	0,42
Rognons. — de chair	1,00	0,13	1,34	0,13	1,20	0,11	1,00	0,13	1,10	0,13	1,00	0,08	1,15	0,17	1,25	0,15
de graisse	14,00	1,84	19,70	2,15	1,50	1,78	15,60	2,03	21,60	2,54	30,00	2,47	20,00	2,90	17,00	2,00
Cervelle	0,50	0,07	0,60	0,06	0,50	0,05	0,39	0,04	0,42	0,05	0,50	0,04	0,39	0,06	0,42	0,05
	53,25	7,01	74,39	7,37	80,27	7,36	52,71	6,85	61,19	7,20	85,75	7,06	61,74	8,95	87,38	10,28
Parties accessoires : fores et pertes. — Canard	4,00	0,72	5,50	0,54	4,00	0,37	3,50	0,46	3,29	0,39	4,00	0,33	3,50	0,51	3,96	0,46
[illegible]	0,50	0,07	0,50	0,05	0,38	0,03	0,40	0,05	0,59	0,07	0,50	0,04	0,30	0,04	0,34	[illegible]
Pieds et patins	6,50	1,25	12,50	1,24	12,38	1,18	7,85	1,02	8,60	1,01	12,50	1,03	10,00	1,45	12,25	1,44
	14,00	2,04	18,50	1,83	17,26	1,58	11,75	1,53	12,48	1,47	17,00	1,40	13,80	2,00	16,49	[illegible]
Excréments	50,00	6,58	52,00	5,15	80,00	7,34	26,00	3,38	28,00	3,29	45,50	3,75	47,00	6,81	75,00	[illegible]
Déchets, épluchures, évaporations	10,25	1,35	9,41	0,89	17,50	1,61	19,66	2,34	23,33	2,74	18,00	1,46	7,46	1,08	22,18	[illegible]
	74,25		79,61		114,76		57,41		63,81		80,50		68,26		113,62	

II

RÉSULTATS GÉNÉRAUX D'ABATAGE.

Organes internes. — Comme l'indiquent les renseignements fournis par l'abatage, les organes contenus dans les grandes cavités du corps subissent des variations dans leur poids individuel, en raison de l'âge, du poids vif, de la conformation des bœufs. Mais, si les poids absolus changent et donnent un total différent par tête, les poids relatifs de l'ensemble des organes internes par rapport à 100 du poids vivant, restent sensiblement les mêmes pour chaque animal.

Ainsi, parmi ces huit bœufs, les poids des organes internes présentent des diversités comprises entre 53 et 87 kilogrammes; le rapport de ces poids variables demeure, au contraire, pour un même poids vivant, à très-peu près constant pour tous les bœufs : il est de 7 à 8 pour 100.

Le tableau suivant résume ces faits et classe les races d'après les poids absolus et les poids relatifs des organes internes.

TABLEAU C.

RACES.	POIDS des organes internes.	RACES.	RAPPORTS des poids des organes internes à 100 de poids vif.
Hereford	52k,71	Hereford	6,85 0,0
Landais	53 ,25	Landais	7,01
Durham	61 ,19	Angus	7,06
Salers	61 ,74	Durham	7,20
Normand A	74 ,39	Charolais	7,36
Charolais	80 ,27	Normand A	7,37
Angus	85 ,75	Salers	8,95
Normand B	87 ,38	Normand B	10,28
En moyenne par tête	69 ,585	En moyenne par tête	7,76

On remarque ici que deux animaux, le Salers et le Normand B, font exception à la loi que semblent suivre les autres bœufs; les poids relatifs de leurs organes internes dépassent de 1 à 2k5 la moyenne commune.

Ces deux bœufs sont ceux qui ont été achetés sur le marché d'approvisionnement; leur engraissement était beaucoup moins avancé que celui des animaux du concours; leurs poids acquis étaient, par conséquent, restés inférieurs aux poids des bœufs en plein embonpoint, et qu'ils auraient pu atteindre eux-mêmes par une accumulation plus considérable de graisse. Il est clair que, pour un poids vif moindre, le rapport des organes internes à 100 de ce poids a dû s'élever. Il faut ajouter que les poids absolus de ces organes étaient par eux-mêmes, chez le Normand B, plus forts qu'ils ne l'étaient pour les autres animaux, ce qui ne trahit pas une grande distinction de structure.

Quant aux deux groupes français et britannique, le rapport du poids des organes internes est, pour 100 de poids vif, un peu plus faible dans le second que dans le premier, ce qui semblerait indiquer que les bœufs de races étrangères ont une masse viscérale moins développée qu'elle ne l'est pour nos races indigènes.

Un bœuf du groupe indigène, le Landais, se rapproche beaucoup, sur ce point d'organisation, comme sur beaucoup d'autres, des bœufs britanniques.

Estomacs. — Intestins. — Si l'on pouvait prendre le poids de chacun des quatre estomacs, chez les ruminants, comme synonyme de leur ampleur, on les classerait, avec Cuvier, dans l'ordre suivant : Panse ou Rumen et Sorbier; Caillette, le second par la grandeur; Feuillet, le troisième; Bonnet, le plus petit des quatre[1].

Mais, dans les résultats constatés pour nos huit bœufs, le poids de chaque réservoir stomacal s'éloigne de la classification de l'illustre anatomiste. En effet, les quatre estomacs se rangent de la manière suivante, en rapport moyen, pour 100 de poids vif :

Rumen.	0,87
Feuillet.	0,47
Caillette.	0,26
Bonnet.	0,26

1. Cuvier. *Anatomie comparée*, t. IV, 2e partie ; 67-68.

Voici comment, pour chaque poche stomacale, se classent les races en poids absolus et relatifs (tabl. D) :

Les poids relatifs les plus faibles, pour le poids total des quatre estomacs, sont ceux que présentent les trois races britanniques, auxquelles se rattache, comme je l'ai déjà fait remarquer, notre race landaise. Les poids relatifs les plus élevés sont offerts par les deux Normands, le Charolais et le Salers. Le Normand B est celui de nos huit bœufs dont l'ensemble des estomacs donne le poids le plus considérable par rapport à son poids vif.

Pour chaque estomac, en particulier, et sauf quelques exceptions, nous remarquons la même répartition de nos bœufs : ce sont, en moyenne, les races britanniques, spécialement pour les poids relatifs, qui forment le premier groupe où ces poids sont le moins élevés; nos animaux indigènes forment le second. A une seule déviation près, le Normand B accuse le rapport le plus fort du poids de chacune de ses poches stomacales à 100 de poids vif.

Intestins. — Les Ruminants, selon Cuvier [1], sont généralement ceux de tous les mammifères chez lesquels le canal intestinal est le plus long. La longueur du corps est, chez le bœuf ordinaire, à celle du canal intestinal : : 1 : 22.

Notre grand naturaliste ne s'est pas trompé de beaucoup, comme le montre le tableau D, puisque le rapport moyen dont il a donné un exemple est ici, pour les sept bœufs mesurés, : : 1 : 24,49. Ce rapport varie de : : 1 : 21,13 à : : 1 : 27,54, dans le même ordre, à très-peu près, où se placent les bœufs pour la longueur totale du canal intestinal, la longueur du corps et la taille au garrot.

Quant au poids des intestins, il n'a aucune relation avec leur longueur; mais ce qui est vrai, dans le classement des races pour le poids des estomacs, reste encore vrai pour le poids du tube intestinal. Le tableau E donne les poids absolus et relatifs à 100 de poids vivant de l'intestin grêle et du gros intestin isolément, et réunis en un poids total.

1. Cuvier, *Anatomie comparée*, t. IV, 2e partie ; 177-195.

TABLEAU D. — *Poids des estomacs. — Classement des races d'après ces poids.*

RACES.	POIDS du rumen.	RACES.	RAPPORT du poids du rumen à 100 de poids vif.	RACES.	POIDS du feuillet.	RACES.	RAPPORT du poids du feuillet à 100 de poids vif.	RACES.	Poids total des quatre estomacs.
	k.				k.				k.
Hereford........	4,12	Durham.........	0,49	Durham.........	1,70	Durham.........	0,20	Durham.........	9,31
Durham.........	4,17	Hereford........	0,54	Hereford........	2,75	Hereford........	0,36	Hereford........	9,78
Landais.........	6,00	Angus..........	0,70	Salers..........	2,75	Salers..........	0,40	Landais.........	13,50
Salers..........	7,00	Landais.........	0,79	Landais.........	4,00	Charolais........	0,40	Salers..........	13,65
Angus..........	8,50	Normand A......	0,87	Charolais........	4,37	Landais.........	0,53	Normand A......	18,75
Normand A......	8,75	Salers..........	1,01	Normand A......	5,50	Angus..........	0,53	Angus..........	19,75
Charolais........	11,00	Charolais........	1,01	Angus..........	6,50	Normand A......	0,54	Charolais........	21,15
Normand B......	13,30	Normand B......	1,56	Normand B......	7,30	Normand B......	0,86	Normand B......	26,03
Moyenne par tête.	7,86	Moyenne par tête.	0,87	Moyenne par tête.	4,36	Moyenne par tête.	0,47	Moyenne par tête.	16,49

RACES.	POIDS de la caillette.	RACES.	RAPPORT du poids de la caillette à 100 de poids vif.	RACES.	POIDS du bonnet.	RACES.	RAPPORT du poids du bonnet à 100 de poids vif.	RACES.	RAPPORT du poids des quatre estomacs à 100 de poids vif.
	k.				k.				
Landais.........	1,50	Landais.........	0,20	Hereford........	1,24	Hereford........	0,16	Durham.........	1,10
Hereford........	1,67	Angus..........	0,21	Durham.........	1,33	Durham.........	0,16	Hereford........	1,28
Salers..........	1,90	Hereford........	0,22	Normand A......	1,75	Normand A......	0,17	Angus..........	1,63
Durham.........	2,14	Durham.........	0,25	Landais.........	2,00	Angus..........	0,19	Landais.........	1,78
Normand B......	2,47	Normand A......	0,27	Salers..........	2,00	Charolais........	0,19	Normand A......	1,85
Angus..........	2,50	Salers..........	0,28	Charolais........	2,10	Landais.........	0,26	Charolais........	1,94
Normand A......	2,75	Normand B......	0,29	Angus..........	2,25	Salers..........	0,29	Salers..........	1,98
Charolais........	3,68	Charolais........	0,34	Normand B......	0,34	Normand B......	0,34	Normand B......	3,05
Moyenne par tête.	2,33	Moyenne par tête.	0,26	Moyenne par tête.	1,95	Moyenne par tête.	0,22	Moyenne par tête.	2,07

Tableau E. — *Poids des intestins grêles et gros.*
Classement des races d'après ces poids.

RACES.	Poids des intestins grêles.	RACES.	Rapport du poids des intestins grêles à 100 de poids vif.	RACES.	Poids des gros intestins.	RACES.	Rapport du poids des gros intestins à 100 de poids vif.
	k.				k.		
Landais. . .	2,00	Angus. . . .	0,25	Hereford. .	1,92	Angus. . . .	0,21
Hereford. .	2,84	Landais. . .	0,26	Durham. . .	2,10	Hereford. .	0,24
Angus. . . .	3,00	Hereford. .	0,37	Landais . . .	2,50	Durham. . .	0,25
Durham. . .	3,16	Durham. . .	0,37	Normand A.	2,50	Normand A.	0,25
Salers. . . .	3,80	Normand A.	0,47	Angus. . . .	2,50	Landais. . .	0,33
Normand A.	4,75	Charolais. .	0,53	Salers. . . .	2,50	Salers. . . .	0,36
Charolais. .	5,75	Salers. . . .	0.55	Normand B.	3,47	Charolais. .	0,37
Normand B	6,43	Normand B.	0,76	Charolais. .	3,98	Normand B.	0,42
Moy. par tête	3,965	Moy. par tête	0,445	Moy. par tête	2,68	Moy. par tête	0,30

RACES.	POIDS TOTAL des intestins grêles et gros.	RACES.	Rapport du poids total des intestins grêles et gros à 100 de poids vif.
	k.		
Landais.	4,50	Angus.	0,46
Hereford.	4,76	Landais.	0,59
Durham.	5,26	Hereford.	0,61
Angus.	5,50	Durham.	0,62
Salers.	6,30	Normand A.	0,72
Normand A.	7,25	Charolais.	0,90
Charolais.	9.73	Salers.	0.91
Normand B.	9,90	Normand B.	1,18
Moyenne par tête.	6,65	Moyenne par tête. . . .	0,75

C'est le groupe des trois bœufs britanniques dans lequel les poids absolus, et surtout les poids relatifs des intestins, sont le moins élevés. Le Landais prend parfois rang dans ce premier groupe des races précoces, ou même se place avant, rarement après.

Nos deux bœufs indigènes, Normand A et Charolais, se rapprochent, le premier du groupe britannique, le second du troisième groupe formé par le Salers et le Normand B. A une seule exception près, le bœuf Normand accuse les poids absolus et relatifs les plus grands. Le Salers oscille un peu dans sa position avec le Charolais, mais ne quitte guère le voisinage du Normand B, acheté comme lui sur le marché d'approvisionnement.

Ces poids plus considérables des principaux organes abdominaux dénotent, chez les bœufs qui les présentent, une sorte de grossièreté relative. La comparaison du Normand A avec le Normand B fournit un exemple de ce que peuvent produire, sous ce rapport, des conditions différentes d'élevage et d'engraissement. En effet, le Normand A a été préparé pour le concours, et, par conséquent, il l'a été de longue main, recevant certainement des rations plus nutritives et moins volumineuses que son congénère le Normand B. Celui-ci est arrivé sur notre marché, engraissé seulement comme le sont les bêtes de bonne qualité de la race. Aussi il n'arrive que rarement, si même il arrive, que le Normand A l'emporte sur le Normand B par une finesse générale plus grande, une plus grande légèreté dans les viscères qui subissent plus spécialement l'influence des aliments.

Poumons.—Rapports qui existent entre le développement de la poitrine, la conformation et les aptitudes des races bovines.—Cette question a été déjà l'objet spécial d'une étude qui m'a conduit à des conclusions qui se reproduisent identiquement les mêmes dans le présent mémoire, bien qu'elles résultent des faits présentés par un très-petit nombre de têtes seulement, au lieu d'avoir pour base des observations fournies par plus de cent têtes de bœufs [1]. Cette concordance a une signification assez nette pour qu'il ne soit pas inutile de la mettre ici en évidence.

Pour nos huit bœufs, comme pour les bœufs plus nombreux de mon précédent travail, il n'existe aucun rapport constant entre le développement des poumons et celui de la région thoracique. C'est là un fait que rend évident le tableau G dans le classement des races, d'après le poids des poumons, comparativement avec la circonférence du thorax.

1. *Observations* sur les rapports qui existent entre le développement de la poitrine, la conformation et les aptitudes des races bovines. — Lues à l'Académie des sciences, dans les séances du 11 février et du 18 mars 1861. Publiées dans les *Annales du Conservatoire des arts et métiers*, n° 5, juillet 1861, p. 1-77.

TABLEAU G. — *Circonférence thoracique. — Poids absolus et relatifs des poumons. — Dimensions principales et poids vif et net d'abattoir. — Classement des races d'après ces données.*

RACES.	AGE.	RACES.	Poids absolus des poumons.	RACES.	Rapport du poids des poumons à 100 de poids vif.	RACES.	Circonférence thoracique.	RACES.	Largeur des hanches.	RACES.	Taille au garrot.	RACES.	Longueur du corps de la nuque à la queue.	RACES.	Poids vif.	RACES.	Poids net d'abattoir.
	mois.		k		k		m		m		m		m		k		0/0
Hereford . .	39	Salers	3,10	Angus	0,29	Salers.	2,41	Salers	0,58	Durham. . .	1,41	Durham . . .	2,10	Salers	690	Normand B.	57,53
Durham . . .	41	Hereford . .	3,43	Normand A.	0,38	Normand B.	2,42	Durham . . .	0,60	Landais . . .	1,42	Hereford . .	2,10	Landais . . .	760	Landais . . .	60,53
Landais . . .	55	Landais . . .	3,50	Hereford . .	0,45	Landais . . .	2,50	Landais. . .	0,60	Hereford . .	1,45	Landais . . .	2,15	Hereford . .	770	Durham . . .	62,71
Angus	57	Angus	3,50	Salers	0,45	Durham. . .	2,68	Normand B.	0,61	Salers	1,50	Salers	2,25	Durham. . .	850	Salers	63,19
Salers	60	Normand A.	3,75	Charolais. .	0,46	(Le Charolais n'a pas été mesuré).	. . . .	. . . .	. . . .	. . . .	. . . .	. . . .	. . . .	Normand B.	850	Charolais . .	63,30
Normand A.	64	Durham. . . .	4,29	Landais. . .	0,46	Hereford . .	2,72	Hereford . .	0,65	Angus	1,55	Angus	2,33	Normand A.	1010	Normand A.	63,86
Normand B.	72	Charolais. .	5,00	Durham. . .	0,51	Normand A.	2,83	Normand A.	0,70	Normand A.	1,57	Normand A.	2,40	Charolais. .	1090	Angus	61,03
Charolais. .	90	Normand B.	5,92	Normand B.	0,69	Angus	3,15	Angus	0,75	Normand B.	1,63	Normand B.	2,40	Angus	1215	Hereford . .	68,8[illegible]
Moyenne par tête.	60	Moyenne par tête.	4,06	Moyenne par tête.	0,46	Moyenne par tête.	2,67	Moyenne par tête.	0,64	Moyenne par tête.	1,51	Moyenne par tête.	2,25	Moyenne par tête.	905	Moyenne par tête.	63

Les poids vifs les plus élevés répondent généralement aux circonférences pectorales les plus grandes, indépendamment des autres dimensions du corps, largeur et hauteur. C'est ainsi que le Salers, dont l'ampleur thoracique est la plus petite (2^m,41), a atteint le plus faible poids vif, 690 kilogr., tandis que, d'autre part, l'Angus, qui offre la plus grande circonférence de poitrine, donne le poids vif le plus fort, qui s'élève à 1215 kilog.

Un fait se produit ici, qui complète la signification de la circonférence thoracique relativement au poids acquis : c'est que, sauf une légère transposition, offerte par le Normand B, dans le classement des races, la largeur des hanches coïncide complétement avec l'ampleur de la poitrine, et, par conséquent, avec l'importance du poids vif. Résultat remarquable qui rattache toute l'ampleur du tronc à celle de la région du thorax, conformément aux lois physiologiques qui règlent la marche du développement de tout l'organisme.

La longueur du corps, de la nuque à la queue, est tout à fait d'accord avec la taille au garrot : le corps est moins long, la taille est moins élevée chez les animaux britanniques, auxquels se rattache le Landais; la taille plus haute des bœufs de nos races coïncide avec une longueur plus grande du corps.

Or, j'ai montré antérieurement que le rendement des bœufs en poids net est d'autant plus considérable, par rapport au poids vif, que la taille est moins haute. Nous constatons ici plusieurs exemples propres à justifier cette observation. Le plus faible rendement en poids net est celui du Normand B : il est de 57,53 pour 100 du poids vivant, et la taille de cet animal au garrot est la plus grande parmi nos huit bœufs. La taille, au contraire, est moins élevée, et le poids net d'abattoir s'élève chez les races britanniques et celles de nos races indigènes qui s'y rattachent le plus.

L'ampleur de la poitrine, une grande largeur du tronc dans la région des hanches, une taille qui maintienne le corps près de terre, sont donc les meilleures conditions pour obtenir des poids élevés, avec des bêtes de boucherie, supérieures comme utilisateurs de leur ration.

Relativement aux poumons, il paraît établi qu'ils ne suivent pas, dans leur accroissement, la marche progressive de l'ampleur thoracique, de l'élargissement du tronc en tout sens, de l'aug mentation du poids. L'observation contredit cette assertion, que le volume de la poitrine donne la mesure du volume des poumons; elle montre seulement que le développement de ces organes semble être lié à certaines conditions physiologiques d'activité vitale, de taille, de poids, d'âge, d'aptitude et de race.

Ainsi, pour un même poids vivant, les poumons sont d'autant plus volumineux, que la taille est plus haute. Le Normand B nous en fournit un exemple : cet animal est le plus grand des huit bœufs dont nous nous occupons maintenant, comme nous l'avons déjà dit : il mesure 1m,63 au garrot. En même temps, c'est lui dont les poumons donnaient le poids absolu le plus fort, le poids relatif le plus grand par rapport à 100 du poids vivant.

Chez des animaux voisins d'âge et dans des conditions comparables, on trouve ordinairement que le poids *absolu*, et constamment que le poids *relatif* des poumons, par rapport à un même poids vif, sont plus faibles, quand la circonférence thoracique est plus grande, plus élevés quand cette même circonférence est plus petite.

C'est une conclusion qui ressort de la comparaison de nos deux bœufs Hereford et Durham, âgés, le premier de 39 mois, le second de 41 mois, tous deux arrivés à un état d'engraissement également avancé. Or, le Hereford, celui des deux bœufs dont la circonférence thoracique est la plus grande, mesurant 2m,72, a des poumons dont le poids absolu est de 3k,43, et le poids relatatif de 0,45 pour 100 du poids vif. Ces nombres sont plus faibles que pour le Durham, où le poids absolu est de 4k,29, et le poids relatif de 0,51, avec une circonférence pectorale moindre, égale à 2m,68.

Le Salers et le Normand A présentent des faits analogues. Ils sont voisins d'âge, le Salers ayant 60 mois, et le Normand A 64 mois, avec une différence de quatre mois entre eux. Le Salers, dont le développement de la région pectorale est le plus petit de tous, ayant une circonférence de 2m,41, accuse un rapport relatif élevé, de 0,45 pour 100 du poids vif, tandis que chez le Normand A, dont la circonférence thoracique est de 2m,83, une des plus grandes, le poids relatif des poumons n'est que de 0,38.

Il en est encore ainsi, si l'on compare, dans des conditions analogues d'âge, le Landais âgé de 55 mois, et l'Angus de 57. Le premier des deux a une circonférence pectorale de 2m,50 ; le second mesure la plus ample circonférence, qui est de 3^m,15. Le poids absolu des poumons est le même, pour l'un et pour l'autre, égal à 3^k,50; mais le poids, par rapport à 100 du poids vif, est de 0,46 pour le Landais, et de 0,29 pour l'Angus. A la plus grande ampleur du thorax correspond de la sorte le plus faible poids relatif des poumons.

Enfin, les deux bœufs dont les circonférences de poitrine sont les plus grandes et les poids vifs les plus élevés, le Normand A et l'Angus, présentent des faits identiques. Pour le Normand A, le contour thoracique est de 2^m,83; il est de 3^m,15 pour l'Angus. Le poids absolu des poumons est de 3^k,75 pour le Normand, et de 3^k,50 pour l'Angus. L'un et l'autre accusent les deux poids relatifs les plus faibles : 0,38 et 0,29 pour 100 du poids vif. A la circonférence pectorale la plus grande correspondent donc à la fois un poids absolu et un poids relatif moindres.

On constate, pour nos huit bœufs, un fait du même ordre que celui qui s'est produit pour les bœufs en plus grand nombre, qui est l'objet de mes observations spéciales sur le poids des poumons. Il consiste en ce que, dans les races les moins pesantes, comparées aux plus lourdes, les poumons acquièrent un poids proportionnellement plus élevé, par rapport au poids vif.

Chez les trois bœufs les moins pesants, le Salers, le Landais et l'Hereford, dont le poids moyen est de 740 kilogr., les poumons prennent un poids relatif plus fort, par rapport au poids vivant, dans le rapport de 1,31 à 100.

Pour les deux bœufs, le Durham et le Normand B, qui ont un poids vif semblable, un peu plus fort que tout ce groupe, et égal à 850 kilogr., le poids relatif des poumons est 1,20 pour 100; rapport plus faible pour un poids vif plus élevé.

Pour les trois bœufs les plus pesants, le Normand A, le Charolais et l'Angus, dont la moyenne pour le poids vif est de 1105 kilogr., le poids des poumons est de 1,13 par rapport à 100 du poids vivant. Le plus faible poids relatif des poumons se rencontre donc chez les bœufs d'un poids total plus grand.

D'après une autre conclusion de mon précédent mémoire, parmi les animaux de même race, le plus faible poids relatif des poumons se rencontre chez ceux qui ont le poids vif le plus élevé, et le plus fort poids relatif des poumons chez ceux qui ont le poids vif le plus faible.

Nous ne pouvons ici établir la comparaison que sur les deux Normands. C'est pour le Normand A, le plus lourd des deux et dont le poids atteint 1010 kilogr., que le poids relatif s'élève moins; il est de 0,38 pour 100. Le Normand B, au contraire, dont le poids vif n'est que de 850 kilogr., aura le poids relatif de poumons le plus fort de tous ceux que nous constatons chez nos six autres bœufs; il est de 0,69 pour 100 du poids vivant. Ceci est vrai pour les poids absolus des poumons comme pour les poids relatifs : les poumons du Normand A pesaient 3k,75; ceux du Normand B, 5k,92.

Chez les animaux de races précoces, ou s'approchant de la précocité, le poids des poumons est absolument et relativement plus faible que chez les animaux des races tardives. Un rapprochement entre les races britanniques, auxquelles s'annexent la race landaise d'une part, et les races indigènes de l'autre, met ce fait en évidence, comme l'indique le petit tableau suivant :

TABLEAU H.

RACES.	AGE.	POIDS DES POUMONS.	
		Absolus.	Relatifs.
Hereford	39 mois.	3k,43	0,45 0/0
Durham	41 —	4 ,29	0,51
Angus	57 —	3 ,50	0,29
Landais	55 —	3 ,50	0,46
Moyenne par tête	48 mois.	3 ,68	0.43
Salers	60 mois.	3 ,10	0,45
Normand A	64 —	3 ,75	0.38
Normand B	72 —	5 ,92	0,69
Charolais	90 —	5 ,00	0,46
Moyenne par tête	72 mois.	4 ,44	0.50

Les races plus tardives, plus âgées de 24 mois que les races précoces, donnent un poids moyen absolu de poumons, de 0k, 76 plus fort, et un poids moyen relatif de 0, 07 pour 100 plus élevé.

Cette analyse des faits qui touchent à tout ce qui regarde l'influence de l'ampleur thoracique, justifie les propositions qui sont ressorties des observations que j'ai tirées déjà d'une étude spéciale sur la matière.

III

RÉSUMÉ DES CONCLUSIONS RELATIVES AUX FAITS GÉNÉRAUX D'ABATAGE.

— Les classements de bœufs à propos des questions successivement étudiées, conduisent à distinguer généralement trois groupes : celui des races indigènes ; celui des races britanniques, qui ont, les unes et les autres, figuré au concours des animaux gras ; et celui des deux bœufs, achetés sur le marché d'approvisionnement, comme terme de comparaison.

— Les deux bœufs achetés sur le marché, et appartenant aux races Salers et Normande, présentent une exception à la loi établie plus haut par un poids relatif plus élevé des organes internes proportionnellement à 100 du poids vif. Cette exception provient, sans doute, de ce que leur engraissement ayant été moins poussé, le poids vif resta plus faible, tandis que le poids des organes put augmenter.

— Les organes internes subissent des variations dans leur poids individuel, en raison de l'âge, de la conformation, du poids vif des bœufs. Mais, si le poids absolu d'un bœuf à un autre change, le poids relatif de l'ensemble des viscères, par rapport à 100 du poids vivant, demeure sensiblement constant pour chacun des bœufs, et le même pour tous.

— La masse viscérale est un peu moins développée dans le groupe des races britanniques, que pour nos races indigènes.

— Les poids relatifs les plus faibles, pour le poids total des quatre estomacs, sont ceux que présentent les trois races britanniques; les plus hauts s'observent chez nos races françaises, à l'exception de la race Landaise.

— La même répartition des bœufs a lieu pour chaque estomac en particulier, spécialement pour les poids relatifs : — les races britanniques présentent les poids les moins forts; les races indigènes accusent les poids relatifs les plus élevés.

— En prenant la longueur du corps pour unité, on trouve que

la longueur totale des intestins est à cette longueur du corps : : 1 : 24, 59 en moyenne, variant de : : 1 : 21, 13 à : : 1 : 27, 50.

— Les bœufs se classent dans un même ordre pour la longueur totale du canal intestinal, la longueur du corps, la taille au garrot.

— Le poids des intestins n'a aucune relation avec leur longueur; mais ce qui se produit dans le classement des races pour le poids des estomacs, reste encore vrai pour le poids du tube intestinal.

— Les poids absolus des intestins et surtout les poids rapportés à un même poids vif, sont moins élevés chez les races britanniques que chez les autres.

— Les poids plus considérables des principaux viscères abdominaux dénotent, chez les bœufs qui les présentent, une sorte de grossièreté relative.

— Il n'existe aucun rapport constant entre le développement des poumons et celui de la région thoracique.

— Les poids vifs les plus élevés répondent généralement aux circonférences pectorales les plus grandes et à la largeur aux hanches la plus considérable.

— La longueur du corps, de la nuque à la queue, est tout à fait d'accord avec la taille au garrot. Le corps est moins long, la taille est moins haute chez les races britanniques.

— D'où il résulte que les meilleures conditions pour obtenir des poids élevés, avec des bêtes de boucherie, supérieures comme utilisateurs de leur ration, sont l'ampleur de la poitrine, une grande largeur du tronc dans la région des hanches, une taille qui maintienne le corps près de terre.

— Les poumons ne suivent pas, dans leur accroissement, la marche progressive de l'ampleur thoracique, de l'élargissement du corps en tous sens, de l'augmentation du poids.

Ainsi, pour un même poids vivant, les poumons sont d'autant plus volumineux que la taille est plus haute.

— Pour des animaux voisins d'âge et dans des conditions comparables, le poids *absolu*, ordinairement, et presque toujours le poids *relatif* des poumons par rapport à un même poids vivant, sont plus faibles quand la circonférence thoracique est plus grande; plus forte, quand cette même circonférence est plus petite.

— Dans les races les moins pesantes comparées aux plus lourdes, les poumons acquièrent un poids proportionnellement plus élevé par rapport au poids vif.

— Parmi les animaux de même race, le plus petit poids relatif des poumons se rencontre chez ceux qui ont le poids vif le plus grand, et le plus fort poids des poumons chez ceux qui ont le moindre poids vif.

— Chez les animaux précoces pour la production de la viande, ou ceux qui s'approchent de la précocité, le poids des poumons est absolument et relativement plus faible que chez les animaux de races tardives.

Ces conclusions, qui reproduisent celles tirées précédemment de l'étude d'un bien plus grand nombre de têtes, concordent avec les résultats des expériences physiologiques sur les conditions de la respiration dans des cas divers. Elles découlent aussi des lois physiologiques qui règlent la marche du développement des animaux depuis leur naissance.

Nous avons distingué, à propos de presque tous les classements des races, deux ou trois groupes : celui des races britanniques; celui ou ceux des races indigènes. Nous avons remarqué souvent que le représentant de notre race Landaise se rapproche, dans beaucoup de cas, des races britanniques, ou se mêle avec elles dans divers classements.

On peut citer, sous ce rapport, des exemples qui se rapportent aux poids relatifs plus faibles que présentent les races britanniques pour le poids total des quatre estomacs;

Aux poids relatifs moins élevés du tube intestinal, chez ces mêmes races;

A la moindre longueur du corps, à une taille moins haute;

Au fait du poids des poumons absolument et relativement plus faible chez les races précoces.

Notre race Landaise semble donc tendre, par plusieurs côtés et par d'autres points encore, vers un type plus précoce comme producteur de viande. La sélection et la spécialisation sont les moyens d'amélioration seuls employés.

IV

DÉBIT DU POIDS NET DE VIANDE A L'ÉTAL DU BOUCHER.

Quand le poids net a été isolé de tous les organes, placé dans l'état où nous l'avons laissé pour nous occuper d'abord de la structure intérieure de l'animal, et qu'il a été partagé en quatre quartiers, formés par les deux membres antérieurs, et par les deux moitiés du tronc, il quitte l'abattoir pour être conduit à l'étal, où la masse de viande qui le compose est débitée aux consommateurs.

Ce poids net, ce poids des quatre quartiers, ce poids de viande, arrive intact chez le débitant. Il représente vraiment le rendement important de la machine animale, et le moment est venu de juger de la valeur réelle du produit, pour la quantité et la qualité.

Pour répondre à toutes les préoccupations de l'éleveur, à tous les besoins du consommateur, pour arriver à une appréciation complète du degré d'amélioration où les races sont arrivées et établir entre elles une comparaison utile, il ne suffit pas de déterminer le poids total de viande livrée à l'alimentation, il faut analyser le produit dans les parties essentielles qui le constituent : la chair, les os et la graisse formant déchet.

C'est dans le but d'obtenir ces renseignements précis sur toutes ces questions zootechniques et économiques, qu'a été entreprise l'étude du débit de la viande, de la valeur de chaque morceau, et dont je me propose d'indiquer maintenant les résultats.

Avant d'entrer dans l'examen de la coupe de la viande, pratiquée selon les habitudes du commerce de Paris, je présenterai d'abord l'ensemble des faits constatés, de manière à donner une idée générale du rendement par tête, et à fournir un guide qui permette de saisir ensuite les détails.

Poids net à l'étal. — Le poids net qui avait été déterminé à l'abattoir le fut à nouveau chez le débitant ; on constata quelques modifications dans les deux pesées, comme l'indique le petit tableau suivant :

TABLEAU I.

RACES.	AGE.	POIDS vif.	POIDS NET d'abattoir.		POIDS NET d'étal.		DIFFÉRENCES entre les 2 poids nets	
			Poids absolu.	Rapport à 100 de poids vif.	Poids absolu.	Rapport à 100 de poids vif.	d'abattoir.	d'étal.
	mois.			pour 100.		pour 100.		
Hereford....	39	770k	530k	68,83	520k	67,53	+ 10k	
Angus......	57	1215	778	64,03	784	64,53		+ 6k
Normand A..	64	1010	645	63,86	633	62,67	+ 12	
Charolais....	90	1090	690	63,30	654	60,00	+ 36	
Salers......	60	690	436	63,19	432	67,61	+ 4	
Durham.....	41	850	533	62,71	543	63,88		+ 10
Landais.....	55	760	460	60,53	459	60,53	+ 1	
Normand B..	72	850	489	57,53	480	56,47	+ 9	

Il résulte, de la comparaison de ces chiffres, que, pour six bœufs, le poids net d'étal avait perdu sur le poids net d'abattoir, tandis que les deux autres bœufs avaient gagné en poids net d'étal.

Les différences entre les pertes et les gains ne sont que légères, à l'exception pourtant du Charolais, qui diminua de 36 kil. dans le temps qui sépara l'abatage du débit. Il est probable que ces différences sont dues, en partie, à une évaporation plus ou moins active; peut-être aussi à quelques erreurs dans les notes nombreuses qu'il faut prendre très-rapidement à l'abattoir. En tout cas, c'est du poids net d'étal qu'il s'agira uniquement ici.

Cette expression devient synonyme du poids absolu de viande, de la somme de morceaux fournie par chaque bœuf. Voici quel est le poids total de ces morceaux, décomposé en poids total de chair, d'os et de graisse non comestible, à laquelle nous donnerons dorénavant le nom de graisse-déchet.

TABLEAU J.

RACES.	POIDS TOTAL des morceaux d'étal.	POIDS TOTAL de chair.	POIDS TOTAL d'os.	POIDS TOTAL de graisse-déchet.
Landais	459 k	327 k,47	54 k,38	77 k,24
Hereford	520	313 ,24	51 ,09	155 ,14
Durham	543	323 ,52	54 ,83	165 ,00
Normand A	633	425 ,15	78 ,51	129 ,70
Charolais	654	457 ,22	76 ,63	120 ,16
Angus	784	476 ,38	94 ,36	213 ,20
Salers	432	314 ,65	60 ,44	57 ,32
Normand B	480	338 ,01	78 ,89	63 ,44
Total	4505	2975 ,64	549 ,16	981 ,20

Rapportés à 100 du poids net d'étal, c'est-à-dire à 100 du poids total des morceaux par tête de bœuf, les nombres qui sont groupés dans le tableau précédent donnent une idée comparative des rendements individuels; ils permettent d'établir le rendement total de nos huit animaux, proportionnellement aux parties qui constituent la viande.

TABLEAU K. — *Poids pour* 100 *du poids net d'étal.*

RACES.			POIDS total des morceaux.	RAPPORT du poids de chair à 100 des morceaux.	RAPPORT du poids d'os à 100 des morceaux.	RAPPORT du poids de graisse-déchet à 100 des morceaux.
Bœufs du concours de boucherie.	indigènes	Landais	100	71.33	11.84	16,83
		Charolais	»	69,92	11,70	18.38
		Normand A.	»	67,12	12.40	20,48
	britanniques	Angus	»	60,77	12,03	27,20
		Hereford	»	60,31	9,83	29,86
		Durham	»	59,54	10,09	30,37
Bœufs achetés sur un des marchés d'approvisionnement		Normand B.	»	70,37	16.42	13.21
		Salers	»	72,77	13,97	13,26
Moyenne pour les huit bœufs			100	66,49	12.31	21,20

Au premier coup d'œil jeté sur ce tableau, les faits se groupent immédiatement et prennent un sens. En n'examinant d'abord que les six bœufs de concours, on voit que les trois animaux de races britanniques donnent le plus faible rapport du poids de chair à 100 des morceaux, et que les trois bœufs indigènes accusent un rapport plus élevé.

Les nombres qui traduisent ces rapports sont très-voisins dans chaque groupe, mais diffèrent d'un groupe à l'autre : ils sont très-sensiblement égaux, en moyenne, à 60 de chair pour 100 de la totalité des morceaux débités, dans les races britanniques, et à une moyenne d'un peu plus de 69 pour 100 dans les races indigènes.

Cette différence, assez prononcée pour devenir ici caractéristique, s'explique par les chiffres des deux colonnes voisines.

De même que le rendement en chair est plus faible dans le groupe britannique que dans celui des races indigènes, le rapport du poids des os à 100 des morceaux est aussi moins élevé chez les bœufs d'origine étrangère que chez ceux qui sont nés dans notre pays. Il est d'un peu plus de 10 pour 100 dans le groupe des bœufs britanniques, et dépasse faiblement 12 p. 100 dans celui des bœufs français.

Ainsi, d'après cette double constatation, les animaux qui appartiennent à nos races ont donné un rapport plus élevé du poids de chair et du poids d'os pour 100 du poids total des morceaux entiers; les bœufs de races britanniques présentent des rapports plus faibles du poids de chair et du poids d'os, relativement au même poids net d'étal.

Ce qui explique, en partie, ces différences, c'est évidemment la proportion pour laquelle la graisse-déchet entre dans le poids total des morceaux. Ici nous retrouvons nos deux groupes : le poids relatif de graisse que n'accepte pas le consommateur est notamment plus élevé dans le groupe britannique, plus faible dans le groupe indigène. Pour 100 des morceaux, le rapport pour les bœufs des races étrangères est de 27 à 30; pour le même poids, le rapport chez les bœufs français est de 17 à 20 seulement.

Ainsi, chez les races britanniques, moins de chair, moins d'os, plus de graisse-déchet pour le même poids des morceaux débités. Chez nos races indigènes, plus de chair, plus d'os, moins de graisse dans un même poids de viande nette d'étal.

Ces résultats généraux me semblent permettre de définir les races dont nous nous occupons dans leur valeur comparée sommaire. Ils se complètent par une observation capitale.

Dans les races britanniques, l'âge moyen où ces faits sont acquis est de 45 à 46 mois, 3 ans et demi à peu près, et deux animaux n'ont atteint que 39 et 41 mois, 3 ans et 3 mois, 3 ans et 5 mois.

Dans le groupe indigène, l'âge moyen où les données correspondantes se produisent est de 69 à 70 mois, c'est-à-dire 5 ans 9 mois à 5 ans 10 mois; en moyenne, 5 ans 9 mois et demi. Le Charolais est âgé de 90 mois, ou 7 ans et demi; mais le Landais ne compte que 55 mois, ou 4 ans et 7 mois. C'est encore un côté par lequel le Landais touche au type des animaux spécialement destinés à la production de la viande.

On constate donc, d'après les observations résumées plus haut, une différence de 2 ans 3 mois et demi en faveur des races britanniques.

Donc les races britanniques sont plus précoces communément que les races de notre pays. Nous verrons comment les faits expliquent cette précocité plus grande.

Quant aux deux bœufs, Salers et Normand B, ils fournissent des renseignements qui complètent l'explication des faits que nous venons de comparer.

Le rapport du poids de chair à 100 du poids total des morceaux est très-élevé pour chacun de ces deux animaux. Il est d'un peu plus de 70 pour le Normand, et il atteint près de 73 pour le Salers.

Pour les os, les rapports sont aussi plus élevés, suivant la tendance de nos races. Le Normand B donne plus de 16 d'os pour 100 des morceaux; le Salers donne 14 d'os pour le même poids.

Il y a donc sensiblement plus de chair et plus d'os chez ces deux animaux que chez les six bœufs dont nous venons de parler. Mais le poids relatif de graisse-déchet est encore plus faible dans les deux bœufs achetés sur le marché que dans le groupe des trois races indigènes du concours. Ce rapport ne dépasse guère 13 pour 100 du poids net d'étal.

C'est là une sorte de compensation qui explique comment se sont élevés les poids relatifs de chair et d'os pour nos deux bœufs de marché, et cette compensation elle-même résulte de l'état d'embonpoint beaucoup moins prononcé chez ces deux animaux que chez les bêtes de concours. Nous reviendrons plus loin sur cette question.

Catégories dans la valeur des viandes. — Jusqu'à présent nous n'avons parlé que des morceaux qui forment le poids net d'étal, sans rien distinguer autre chose dans la masse que ses éléments organiques de composition ; nous voulions d'abord établir une comparaison sommaire entre les races étudiées.

Mais tous les morceaux des diverses parties du corps n'ont pas une même valeur comme produit comestible, comme répondant aux habitudes locales, et surtout, eu égard à leur constitution intime, à leur rôle physiologique : toutes qualités qui se tiennent entre elles, quelques-unes comme des effets à leur cause.

On a donc fondé une classification sur la nature et les propriétés des viandes : quatre *catégories* de qualité ont été communément reconnues, et c'est sous cette qualification que les morceaux prennent rang dans l'échelle de valeur. C'est aussi d'après ces bases qu'a été dressé le tableau qui donne, conformément à nos observations, pour chaque bœuf, le poids et la décomposition de chaque morceau débité. Il n'a pas fallu moins de 864 pesées pour que le groupement des morceaux en catégories, leur dépeçage, leur désossage, leur dégraissage, devinssent possibles et clairs.

Les différences de qualité consacrées par l'établissement des *catégories* ne sont point arbitraires; elles se fondent sur la nature des parties d'où proviennent les morceaux, et cette nature elle-même dérive de plusieurs conditions anatomiques et physiologiques. Ainsi, les morceaux de qualité tout à fait supérieure sont formés par des muscles qui sont appelés à une action obscure et faible, ou constitués de façon à ce que toute action leur soit facile. Les morceaux de qualité inférieure sont ceux des membres qui agissent le plus, ceux du cou, dont les fibres deviennent le plus souvent coriaces.

D'autre part, ce sont aussi les masses musculaires les plus épaisses, les plus riches en fibres, les plus imprégnées des liquides nourriciers, les moins fatiguées dans l'exercice fonctionnel qui leur est propre, qui produisent la meilleure viande. Les

Tableau L. — *Poids et indications des os dans les morceaux de l'étal qui en contiennent.*

	OS QUI CONSTITUENT LE SQUELETTE.	BOEUFS PRIMÉS A POISSY, EN 1862. RACES FRANÇAISES.			RACES BRITANNIQUES.			BŒUFS DE RACES FRANÇAISES approvisionnant ordinairement les marchés de Paris.		TOTAL du POIDS DES OS des morceaux pour chacun des 8 bœufs.
		Landais.	Normand A.	Charolais.	Hereford.	Durham.	Angus.	Salers.	Normand B.	
		k.	k.	k.	k.	k.	k.	k.	k.	k.
1re Catégorie.	**Culotte**. Partie postérieure du sacrum et premières vertèbres coccygiennes. Portion d'ilium	3,30	5,20	4,90	3,36	4,50	3,60	3,80	4,64	33,30
	Gîte à la noix. Une faible partie d'ischium	0,06	0,54	0,40	0,04	0,10	»	0,28	0,56	1,98
	Tranche grasse. Fémur, la rotule forme un morceau à part, nommé la nourrice	4,84	6,74	7,66	5,64	5,30	7,40	6,10	7,64	51,32
	Tende de tranche. Articulation coxo-fémorale, avec le sommet du trochonte	1,34	2,16	1,90	1,00	1,10	3,10	1,30	1,86	13,76
	Faux-filet. Les 5 vertèbres lombaires; faible partie d'ilium; partie antérieure du sacrum	3,80	4,84	4,70	3,30	3,20	7,40	4,26	5,44	36,94
		13,34	19,48	19,56	13,31	14,20	21,50	15,74	20,14	137,30
2e Catégorie.	**Train de côtes**. Les 7 dernières vertèbres dorsales, et partie supérieure des 7 dernières côtes	6,70	10,54	10,50	7,20	5,90	22 40	7,70	11,54	82,48
	Derrière de paleron. Partie supérieure du scapulum; le cartilage tout entier	1,34	1,90	1,70	1,06	1,00	2,10	1,24	1,60	11,94
	Queue de gîte. Partie inférieure de l'humérus et l'olécrane entier	1,80	2,24	2,40	1,74	1,74	2,60	1,91	3,16	17,62
	Macreuse. Articulation scapulo-humérale; partie inférieure du scapulum, et supérieure de l'humérus	3,90	5,94	7,00	4,14	4,44	5,80	4,80	6,66	42,68
	Bavette d'aloyau. Cartilages des 3 dernières côtes	0,34	0,80	0,66	0,60	0,24	1,11	0,66	0,56	5,07
	Plats de côtes découvertes. Partie moyenne de la 3e à 7e côte	1,00	1,00	1,40	0,80	0,84	1,30	0,76	0,86	7,96
		15,08	22,42	23,66	15,54	14,26	35,31	17,10	24,38	167,75

Catégorie	Morceau									Total
3e Catégorie.	**Collier**. Les 7 vertèbres cervicales et la première dorsale.	3,66	4,60	4,44	3,10	3,60	5,40	3,80	5,36	33,96
	Gîte de devant. Cubitus et radius, moins l'olécrane....	4,84	4,50	4,80	3,34	3,64	5,00	4,04	5,10	35,26
	Gîte de derrière. Tibia et os du jarret. La crosse est composée de l'articulation du jarret, et de la portion inférieure du **tibia**	3,44	6,70	8,10	4,80	5,84	8,00	6,10	6,51	49,52
	Plats de côtes couvertes. Partie moyenne des dernières côtes..................................	1,24	1,34	1,64	0,84	1,30	2,80	0,84	1,14	11,14
	Gros-bout. Partie antérieure du sternum, et partie inférieure des 3 premières côtes..................	3,46	6,10	3,84	2,20	3,41	4,90	2,10	2,86	28,90
	Tendron Partie cartilagineuse des côtes sternales et portion postérieure du sternum..................	1,60	2,56	1,96	1,74	1,70	1,90	2,14	3,24	16,84
	Paillasse. Portion cartilagineuse des côtes asternales..	0,24	0,64	0,74	0,14	0,24	0,10	0,50	1,04	3,61
		18,48	26,44	25,52	16,16	19,76	28,10	19,52	25,28	179,26
4e Catégorie.	**Surlonge**. Partie supérieure des 2 premières côtes, 2e et 3e vertèbres dorsales..........................	2,54	3,40	2,24	2,10	2,81	2,50	3,10	3,32	22,04
	Joues. Maxillaires inférieurs..................	2,54	3,80	2,40	1,60	1,70	3,20	2,20	2,90	20,34
	Joues. Crâne................................	2,40	3,00	3,25	2,35	2,07	3,75	2,78	2,87	22,17
		7,48	10,20	7,89	6,05	6,61	9,45	8,08	9,09	64,85
	Total du poids des os dans les morceaux de l'étal..	54,38	78,54	76,63	51,09	54,83	94,36	60,44	78,89	549,16
Parties osseuses qui n'entrent pas dans le poids net d'étal.	**Canard**. Os de la face.........	4,00	5,50	4,00	3,50	3,29	4,00	3,50	3,90	31,69
	Les quatre pieds............	8,24	10,80	10,74	7,10	8,30	12,50	10,00	12,25	79,93
	Poids total du squelette......	66,62	94,84	91,37	61,69	66,42	110,86	73,94	95,05	660,78

muscles minces, étendus en lames, réunis en maigres faisceaux, ceux du cou, du ventre, des joues, des dernières sections des membres, sont de qualité inférieure.

Enfin, la présence des parties tendineuses et aponévrotiques multipliées est encore une cause d'infériorité dans la qualité des morceaux.

Il n'est donc pas indifférent que le bœuf débité donne à l'étal les proportions les plus fortes de viande des premières catégories, sans pour cela négliger le développement musculaire des catégories secondaires, où le consommateur trouve souvent, en raison de la conformation de l'animal, des morceaux qui rivalisent avec les catégories supérieures.

Je ne m'arrêterai pas à nommer et à définir chacun des morceaux qui entrent dans chaque catégorie; j'ai donné d'ailleurs, au tableau du débit du poids net d'étal, les noms employés couramment pour désigner chaque morceau dans la catégorie à laquelle il appartient. Les os qui font partie de certains morceaux sont indiqués à ce même tableau, d'où j'ai extrait les éléments propres à reconstituer le squelette. (tabl. K.)

En résumant, sans reproduire les noms des morceaux, les quantités absolues et les quantités relatives des diverses parties qui constituent la viande dans chaque catégorie, pour chaque bœuf, nous faciliterons la comparaison des individus et des races. C'est ce que tente de faire le tableau L.

Limites de chaque catégorie. — 1re *Catégorie.* — La première catégorie comprend toute l'arrière-main, ayant pour base osseuse la portion postérieure de la colonne vertébrale, formée des cinq vertèbres lombaires, du sacrum et des premières vertèbres coccygiennes. Tous les os du bassin en font partie, ainsi que le fémur et la rotule.

Les parties musculaires y forment trois divisions : la *croupe*, la *cuisse*, la *fesse*, l'*aloyau*. Elle se limite donc en avant par une ligne qui passerait entre la dernière vertèbre dorsale et la première lombaire, pour descendre à l'angle antérieur de l'ilium, ou angle de la hanche. En haut et en arrière, la ligne supérieure et postérieure du corps sert naturellement de limite, et arrivée à l'angle postérieur de l'ilium ou angle de la croupe, elle va rencontrer la ligne antérieure dans l'articulation fémoro-tibiale.

2e *Catégorie.* — Elle se compose de quatre parties qui se subdivisent en divers morceaux : — le *train de côtes* dont la base osseuse est formée des sept dernières côtes ; — le *paleron* ou *épaule*, qui comprend l'omoplate et son cartilage tout entier, l'articulation scapulo-humérale, l'humérus et l'olécrâne ; la *bavette d'aloyau*, prenant les cartilages des trois dernières côtes ; — et enfin les *plats de côtes découvertes*, ou partie moyenne du thorax, de la troisième à la septième côte.

Cette catégorie a donc pour limite, en arrière, un point sur la ligne de séparation entre la dernière dorsale et la première lombaire ; en avant, le point situé derrière la première dorsale qui passe dans l'encollière, ou collier, avec les sept vertèbres cervicales. De ces deux points pris sur la colonne vertébrale, la ligne limite va contourner les dernières côtes, enfermer la portion moyenne de la troisième à la septième côte, et descendre à l'articulation scapulo-humérale en passant autour du scapulum.

3e *Catégorie.* — Cette troisième catégorie est formée, en quelque sorte, d'appendices des deux premières. Elle comprend les parties antérieures et postérieures dont la base osseuse est constituée par les sept vertèbres cervicales et la première dorsale ; par le sternum, la partie inférieure des trois premières côtes, la partie moyenne des dernières, la portion cartilagineuse des côtes sternales et des côtes asternales ; et enfin, par l'avant-bras dont les os sont le radius-cubitus, moins l'olécrâne, que la coupe à l'étal a laissé dans le bras. — La jambe est de cette même catégorie ; elle a donc pour os long le tibia qui s'accompagne des os du tarse.

4e *Catégorie.* — Dans cette quatrième catégorie, la moins nombreuse en morceaux et la plus inférieure en qualité, se trouvent la partie supérieure des deux premières côtes, avec la deuxième et troisième dorsales, et les joues soutenues par les maxillaires inférieurs et le crâne.

D'après ces données et en se fondant sur les pesées de l'étal à la fois et sur le calcul qui donne les rapports entre le poids de chaque morceau et 100 du poids total, on peut représenter exactement le rendement absolu et relatif, dans chaque catégorie pour chacun de ces bœufs, et pour chaque partie constitutive des morceaux. Le tableau M fournit des renseignements complets sur chacun de ces points; le tableau N les résume pour chaque catégorie seulement.

TABLEAU N. — *Poids relatifs des morceaux, dans chaque catégorie, par rapport à 100 du poids net d'étal, pour chaque bœuf.*

RACES.	1re CATÉGORIE.	2e CATÉGORIE.	3e CATÉGORIE.	4e CATÉGORIE.
Landais	31,54 0/0	30,12 0/0	33,71 0/0	4,63 0/0
Normand A..	32,79	29,64	33,22	4,35
Charolais....	33,10	29,69	32,84	4,37
Hereford....	30,41	30,43	34,75	4,41
Durham.....	30,64	30,68	33,94	4,74
Angus......	29,14	32,16	35,36	3,34
Salers.......	32,82	29,60	32,38	5,30
Normand B..	33,35	29,68	31,46	5,51
Moyenne par tête.	31,35	30,23	33,45	4,33

Il ressort, de la combinaison de ces nombres, que, pour 100 du poids total des morceaux, sur l'ensemble des huit bœufs, chacune des trois premières catégories représente, à de légères différences près, un tiers du poids des morceaux débités, c'est-à-dire 32 pour 100 environ du poids net d'étal. Il n'y a de grande différence que pour la quatrième catégorie, qui figure pour très-peu plus de 4 pour 100.

En distinguant nos trois groupes de bœufs indigènes, de bœufs britanniques et de bœufs du marché, les poids relatifs dans chaque catégorie, pour 100 du poids total des morceaux, nous fournissent les nombres suivants :

TABLEAU O.

GROUPES des RACES.	1re CATÉGORIE.	2e CATÉGORIE.	3e CATÉGORIE.	4e CATÉGORIE.
B. indigènes...	32,38 0/0	29,82 0/0	33,26 0/0	4,45 0/0
B. britanniques.	30,07	31,09	34,68	4,16
B. du marché..	33,09	29,64	31,87	5,40

Ce résumé par groupes de races et par catégories de morceaux, reproduit nécessairement les faits présentés avec un peu plus de détail dans le tableau précédent.

La troisième catégorie, excepté les 2 bœufs du marché, est celle qui donne le rapport le plus élevé de morceaux, et c'est dans le groupe des bœufs britanniques que se montre la proportion la plus forte.

C'est aussi pour ce groupe britannique que le rapport des morceaux à 100 du poids net d'étal est le plus élevé dans la seconde catégorie; les races indigènes viennent ensuite.

Les bœufs du marché, d'abord, donnent le rapport le plus élevé pour la 1re catégorie. Les bœufs indigènes prennent le second rang ; les races britanniques, le troisième.

Les trois groupes se classent suivant le même ordre pour la quatrième catégorie.

Ainsi, le groupe des deux bœufs de marché l'emporte sur les bœufs des deux groupes des races du concours, pour la proportion plus élevée de ses morceaux d'étal de première et de quatrième catégorie. Il reste inférieure aux deux autres groupes pour la seconde et la troisième catégorie.

Supérieur pour la première et la quatrième catégorie, le groupe indigène reste au-dessous du groupe britannique pour la seconde et la troisième catégorie.

Enfin, le groupe britannique, inférieur pour la première et la quatrième catégorie, prend le premier rang pour la seconde et la troisième.

Avant de tirer les conséquences de ces faits généraux, il importe de décomposer chaque catégorie de morceaux, en distinguant le rapport du poids de chair, d'os et de graisse-déchet. Nous pourrons ainsi, avec plus de certitude, nous faire une idée de l'organisation et de la valeur de chaque individu et de chaque groupe. Les détails sont réunis au tableau F ; les petits tableaux suivants l'analysent pour en résumer et en grouper les faits.

Tableau F. *Débit du poids net en morceaux rapportés aux différentes catégories par le dépeçage, le désossage et le dégraissage à l'étal.*

Bœufs primés au concours de boucherie à Poissy en 1862.

NOMS des MORCEAUX.		RACES FRANÇAISES. LANDAIS. 4 ans, 7 mois (55 mois).				NORMAND. 5 ans, 4 mois (64 mois).				CHAROLAIS. 7 à 8 ans (90 mois).			
		Poids total des morceaux.	Poids des os.	Poids de la graisse.	Poids de la masse comestible.	Poids total des morceaux.	Poids des os.	Poids de la graisse.	Poids des parties comestibles.	Poids total des morceaux.	Poids des os.	Poids de la graisse.	Poids des parties comestibles.
		k	k	k	»	k	k	k	k	k	k	k	k
1re catégorie.	Croupe. . . . Culotte.	30,00	3,20	5,84	20,86	39,50	5,20	8,80	25,50	46,40	4,90	11,34	30,16
	Cuisse. . . . Gîte à la noix.	20,86	0,06	»	20,80	33,40	0,54	»	32,86	56,28	0,40	»	35,88
	Cuisse. . . . Tranche grasse.	27,84	4,84	4,60	18,40	36,80	6,74	6,74	23,32	39,04	7,66	5,56	25,82
	Cuisse. . . . Tende de tranche.	29,70	1,34	2,54	25,82	48,30	2,16	14,70	31,44	49,30	1,90	13,20	34,20
	Aloyau. . . . Filet.	11,30	»	1,24	10,06	16,80	»	8,70	8,10	14,30	»	0,90	13,40
	Aloyau. . . . Faux-filet.	25,10	3,80	5,54	15,76	32,90	4,84	6,90	21,16	31,10	4,70	6,10	20,30
		144,80	13,34	19,76	111,70	207,70	19,48	45,84	124,38	216,42	19,56	37,10	159,76
2e catégorie.	Train de côtes.	42,36	6,70	7,64	28,02	59,40	10,54	8,80	40,06	65,90	10,50	12 94	42,46
	Paleron. . . . Talon de collier.	11,84	»	»	11,84	14,34	»	»	14,34	13,84	»	»	13,84
	Paleron. . . . Derrière de paleron.	13,10	1,34	1,60	10,16	17,16	1,90	1,96	13,30	17,90	1,70	2,46	13,84
	Paleron. . . . Jumeaux.	5,84	»	1,30	4,54	10,10	»	3,20	6,90	9,24	»	2,56	6,68
	Paleron. . . . Queue de gîte.	9,34	1,80	1 30	6,24	11,54	2,24	1,10	8,20	13,44	2,40	1,20	9,84
	Paleron. . . . Macreuse.	29,10	2,90	3,34	21,86	37,60	5,94	2,64	29,02	39,38	7,00	2,74	29,64
	Bavette d'aloyau.	23,14	0,34	11,94	10,86	31,40	0,80	15,10	15,50	27,24	0,66	11,04	15,54
	Plat de côtes découvertes.	3,54	1,00	0,80	1,74	6,20	1,00	0,76	4,44	7,24	1,40	»	5,84
		138,26	15,08	27,92	95,26	187,74	22,42	33,56	131,76	194,18	23,66	32,94	137,68
3e catégorie.	Collier.	39,64	2,66	1,44	33,94	41,70	4,60	3,56	33,54	44,94	4,44	2,04	38,46
	Gîtes. . . . de devant.	9,86	4,84	»	5,02	13,00	4,50	»	8,50	12,50	4,80	»	7,70
	Gîtes. . . . de derrière.	13,44	3,44	»	10,00	17,90	6,70	»	11,20	21,04	8,10	»	12,94
	Plat de côtes couvertes.	10,90	1 24	4 24	5,42	13,40	1,34	4,30	7,76	16,70	1,64	6,30	8,76
	Pis de bœuf. Gros-bout.	28,40	3,46	7,40	17,54	44,00	6,10	16,70	21,20	40,80	3,84	15,54	21,42
	Pis de bœuf. Tendron.	22,44	1,60	6,80	14,04	32,80	2,56	9,70	20,54	28,70	1,96	8,90	17,84
	Pis de bœuf. Fallasse.	22,04	0,24	7,50	14,30	35,00	0,64	11,70	22,66	36,00	0,74	11,90	23,36
	Dessus de côtes.	4,66	»	1,94	2,72	8,60	»	3,30	5,30	10,04	»	4,40	5,64
	Nerveux du gîte à la noix.	4,00	»	»	4,00	4,00	»	»	4,00	4,00	»	»	4,00
		154,78	18,48	29,32	106,98	210,40	26,44	49,26	134,70	214,72	25,52	49,08	140,12
4e catégorie.	Surlonge.	7,00	2,54	»	4,46	9,90	3,40	1,04	5,46	10,30	2,24	0,76	7,30
	Joues.	10,14	4,94	»	5,20	13,20	6,80	»	6,40	13,34	5,65	»	7,69
	Hampe.	2,64	»	0,24	2,40	3,00	»	»	3,00	3,68	»	0,28	3,40
	Queue.	1,47	»	»	1,47	1,45	»	»	1,45	1,27	»	»	1,27
		21,25	7,48	0,24	13,53	27,55	10,20	1,04	16,31	28,59	7,89	1,04	19,66
Poids net total d'étal.		459,09	54,38	77,24	327,47	633,39	78,54	129,70	425,15	633,91	76,63	120,16	457,22
Rapports à 100 de poids net.		100,00	12,84	16,83	71,33	100,00	12,40	20,48	67,12	100,00	11,70	18,38	69,52

Tableau F. (*Suite.*)

NOMS des MORCEAUX.			HEREFORD. 3 ans, 3 mois (39 mois). Poids total des morceaux.	Poids des os.	Poids de la graisse.	Poids des parties comestibles.	DURHAM. 3 ans, 4 mois, 25 jours (41 mois). Poids total des morceaux.	Poids des os.	Poids de la graisse.	Poids des parties comestibles.	ANGUS. 4 ans, 9 mois (57 mois). Poids total des morceaux.	Poids des os.	Poids de la graisse.	Poids des parties comestibles.
			k	k	k	»	k	k	k	k	k	k	k	k
1re catégorie.	Croupe.	Culotte	33,34	3,36	12,54	17,44	36,76	4,50	15,90	16,36	47,00	3,60	3,40	40,00
	Cuisse.	Gîte à la noix	25,64	0,04	»	25,60	25,00	0,10	»	24,90	41,20	»	»	41,20
		Tranche grasse	28,34	5,64	7,30	15,40	31,40	5,30	8,34	17,76	40,60	7,40	7,20	26,00
		Tende de tranche	34,20	1,00	10,84	22,36	34,50	1,10	10,14	23,26	44,00	3,10	7,50	33,40
	Aloyau.	Filet	10,90	»	1,84	9,06	11,34	»	3,10	8,24	16,60	»	4,10	12,50
		Faux-filet	26,54	3,30	7,94	15,30	27,46	3,20	10,00	14,26	39,00	7,40	15,60	16,00
			157,96	13,34	40,46	104,16	166,46	14,20	47,48	104,78	228,40	21,50	37,80	169,10
2e catégorie.	Train de côtes		49,50	7,20	13,90	28,40	51,50	5,90	11,94	33,66	74,40	22,40	20,90	31,10
	Paleron.	Talon de collier	11,70	»	»	11,70	12,30	»	3,20	9,10	16,00	»	»	16,00
		Derrière de paleron	12,40	1,06	2,94	8,40	13,56	2,00	2,40	9,06	24,64	2,10	6,20	16,34
		Jumeaux	9,04	»	4,60	4,44	12,14	»	6,40	5,74	24,90	»	6,20	18,70
		Queue de gîte	8,76	1,74	1,96	5,06	11,60	1,74	3,80	6,06	13,20	2,60	2,30	8,30
		Macreuse	31,64	4,14	6,40	21,10	31,60	4,44	6,86	20,30	44,00	5,80	8,50	29,70
	Bavette d'aloyau		30,00	0,60	15,50	13,90	28,80	0,34	16,00	12,46	46,00	1,11	27,00	17,89
	Plat de côtes découvertes		5,04	0,80	0,76	3,48	5,34	0,84	»	4,50	9,00	1,30	»	7,70
			158,08	15,54	46,06	96,48	166,74	15,26	51,00	100,88	252,14	35,31	71,10	145,73
3e catégorie.	Collier		32,50	2,10	5,94	24,46	26,40	3,60	3,60	19,20	46,00	5,50	5,20	35,30
	Gîtes	de devant	10,10	3,34	»	6,16	10,24	3,64	»	6,60	14,60	5,00	»	9,60
		de derrière	13,90	4,80	»	9,10	15,44	5,84	2,04	7,56	19,50	8,00	»	11,50
	Plat de côtes couvertes		14,40	0,84	8,00	5,56	24,60	1,30	7,90	15,40	50,00	2,80	29,20	18,00
	Pis de bœuf.	Gros bout	44,36	2,20	21,60	20,56	42,40	3,44	20,14	18,82	60,40	4,90	24,70	30,80
		Tendron	29,30	1,74	12,60	14,96	29,20	1,70	13,90	13,60	31,40	1,90	12,70	16,80
		Paillasse	24,20	0,14	15,72	8,34	24,80	0,24	10,90	13,66	40,50	0,10	26,00	14,40
	Dessus de côtes		6,80	»	2,16	4,64	7,34	»	5,56	1,78	10,80	»	5,50	5,30
	Nerveux du gîte à la noix		4,00	»	»	4,00	4,60	»	»	4,60	4,00	»	»	4,00
			186,50	16,16	62,02	98,32	184,12	19,76	64,04	100,62	277,20	28,10	103,30	145,80
4e catégorie.	Surlonge		10,26	2,10	2,10	6,06	11,84	2,84	0,74	8,26	8,20	2,50	»	5,70
	Joues		9,10	3,95	»	5,15	9,14	3,77	»	5,37	13,40	6,95	»	6,45
	Hampe		2,80	»	0,50	2,30	3,90	»	1,14	2,76	3,50	»	1,00	2,50
	Queue		0,77	»	»	0,77	0,85	»	»	0,85	1,10	»	»	1,10
			22,93	6,05	2,60	14,28	25,73	6,61	1,88	17,24	26,20	9,45	1,00	15,75
Poids net total d'étal			519,47	51,09	155,14	313,24	542,35	55,83	165,00	323,52	783,94	94,36	213,20	476,38
Rapports à 100 de poids net			100,00	9,83	29,86	60,31	100,00	10,29	30,37	59,54	100,00	12,03	27,20	60,77

TABLEAU F. (*Suite.*)

NOMS des MORCEAUX.	BŒUFS DE RACES FRANÇAISES approvisionnant ordinairement les marchés de Paris — SALERS. 5 ans (60 mois).				NORMAND. 6 ans (72 mois).			
	Poids total des morceaux.	Poids des os.	Poids de la graisse.	Poids des parties comestibles.	Poids total des morceaux.	Poids des os	Poids de la graisse.	Poids des parties comestibles.
	k	k	k	k	k	k	k	k
1re catégorie.								
Croupe. Culotte	26,14	3,80	3,14	19,20	29,84	4,64	2,00	23,20
Cuisse. Gîte à la noix	24,00	0,28	»	23,72	28,44	0,56	»	27,88
Cuisse. Tranche grasse	28,44	6,10	2,64	19,70	29,50	7,64	1,90	19,96
Cuisse. Ronde de tranche	31,44	1,30	5,30	24,84	37,04	1,86	8,94	26,24
Aloyau. Filet	13,04	»	1,94	11,10	14,84	»	4,70	10,14
Aloyau. Faux-filet	18,86	4,26	1,54	13,06	20,50	3,44	1,70	13,36
	141,92	15,74	15,66	111,62	160,16	20,14	18,24	120,78
2e catégorie.								
Train de côtes	39,36	7,70	5,06	26,60	48,20	11,54	5,76	30,90
Paleron. Talon de collier	10,04	»	0,10	9,94	11,70	»	»	11,70
Paleron. Derrière de paleron	10,70	1,24	0,54	8,92	10,66	1,60	»	9,06
Paleron. Jumeaux	6,54	»	1,90	4,64	6,06	»	1,20	4,86
Paleron. Queue de gîte	8,44	1,94	»	6,50	9,44	3,16	0,76	5,52
Paleron. Macreuse	30,06	4,80	2,90	22,36	32,04	6,66	2,00	23,38
Bavette d'aloyau	20,04	0,66	9,24	10,14	20,94	0,56	8,70	11,68
Plat de côtes découvertes	2,84	0,76	»	2,08	3,54	0,86	»	2,68
	128,02	17,10	19,74	91,18	142,58	24,38	18,42	99,78
3e catégorie.								
Collier	28,10	3,80	0,84	23,46	33,00	5,36	1,70	25,94
Gîtes. de devant	10,14	4,04	»	6,10	11,80	5,10	»	6,70
Gîtes. de derrière	17,20	6,10	»	11,10	16,84	6,54	»	10,30
Plat de côtes couvertes	6,20	0,84	1,90	3,46	8,70	1,14	1,90	5,66
Pis de bœuf. Gros-bout	27,24	2,10	7,20	17,94	24,90	2,86	6,16	15,88
Pis de bœuf. Tendron	21,24	2,14	5,24	13,86	22,30	3,24	5,52	13,54
Pis de bœuf. Paillasse	19,80	0,50	5,24	14,06	23,26	1,04	7,30	14,92
Dessus de côtes	5,64	»	1,90	3,74	6,34	»	2,50	3,84
Nerveux du gîte à la noix	4,00	»	»	4,00	4,00	»	»	4,00
	139,56	19,52	22,32	97,72	151,14	25,28	25,08	100,78
4e catég.								
Surlonge	9,64	3,10	0,70	5,84	11,56	3,32	1,70	6,54
Joues	10,60	4,98	»	5,62	11,60	5,77	»	5,83
Hampe	1,40	»	»	1,40	2,10	»	»	2,10
Queue	1,27	»	»	1,27	1,20	»	»	1,20
	22,91	8,08	0,70	14,13	26,46	9,09	1,70	15,67
Poids net total d'étal	432,41	60,44	57,32	314,65	480,34	78,89	63,44	338,01
Rapports à 100 de poids net	100,00	13,97	13,26	72,77	100,00	16,42	13,21	70,37

TABLEAU F. — *Longueur des intestins, grêles, gros, et du cæcum. Rapport de cette longueur totale à la longueur du corps.*

RACES.	Longueur des intestins grêles.	RACES.	Longueur des gros intestins.	RACES.	Longueur du cæcum.	RACES.	Longueur totale des intestins grêles, gros, et du cæcum.
	m.		m.		m.		m.
Landais. . .	34,10	Salers. . . .	5,20	Hereford. .	0.60	Landais. .	44,61
Hereford. .	39,10	Hereford. .	8,66	Normand A.	0.65	Salers. . . .	47,54
Salers. . . .	41,50	Durham. . .	9,20	Normand B.	0.70	Hereford. .	48,66
Durham . .	42,50	Landais. . .	9.61	Durham. . .	0,80	Durham. . .	52,50
Normand A.	47,60	Angus. . . .	10,01	Salers. . . .	0.84	Normand A	60,66
Angus. . . .	52,57	Charolais. .	10,45	Landais. . .	0,90	Angus. . . .	63,56
Normand B.	54,69	Normand B.	10,80	Angus. . . .	0.95	Normand B.	66,10
Charolais. .	61,08	Normand A.	12,11	Charolais. .	1,00	Charolais. .	72,53
Moy. par tête	46,67	Moy. par tête	9.55	Moy. par tête	0.81	Moy. par tête	57,02

RACES.	Longueur du corps de la nuque à la queue.	RACES.	Taille au garrot.	RACES.	RAPPORT de la longueur des corps représentés par 1 à la longueur totale du canal intestinal.
	m.		m.		
Hereford. .	2,10	Durham. . .	1,41	Salers.	:: 1 : 21,13
Durham. . .	2,10	Landais. . .	1,42	Landais.	:: 1 : 21,26
Landais. . .	2,15	Hereford. .	1,45	Hereford.	:: 1 : 23,65
Salers. . . .	2,25	Salers. . . .	1,50	Durham.	:: 1 : 25,00
Angus. . . .	2,33	Angus. . . .	1,55	Normand A.	:: 1 : 25,27
Normand A.	2,40	Normand A.	1,57	Angus.	:: 1 : 27,28
Normand B.	2,40	Normand B.	1,63	Normand B.	:: 1 : 27,54
Moy. par tête	2,25	Moy. par tête	1,51	Rapport moyen.	:: 1 : 24,19

Si l'on rapproche les résultats signalés dans ces derniers tableaux, où le rapport du poids des morceaux à 100 du poids net d'étal, et le rapport de la chair, des os, de la graisse-déchet sont donnés pour 100 des morceaux dans chaque catégorie, quelques faits importants se mettent immédiatement en relief.

D'après les petits tableaux P. Q. R. S., où se trouvent classés par catégorie et par groupe de races les poids relatifs de la chair, des os, de la graisse-déchet à 100 du poids net d'étal, on fait les remarques qui suivent :

TABLEAU P. — *Poids de chair pour 100 du poids des morceaux, par catégorie.*

RACES.	1re CATÉGORIE.	2e CATÉGORIE.	3e CATÉGORIE.	4e CATÉGORIE.
Charolais....	24,43 0/0	21,05 0/0	21,42 0/0	3,00 0/0
Landais.....	24,30	20,75	23,30	2,95
Normand A..	22,48	20,80	21,27	2,57
Angus......	21,58	18,58	18,60	2,01
Hereford....	20,05	18,57	18,93	2,75
Durham.....	19,27	18,56	18,51	3,18
Salers.......	25,81	21,08	22,61	3,29
Normand B..	25,35	20,77	20,98	3,26
Moyenne par tête.	22,79	20,02	20,70	2,87

TABLEAU Q. — *Poids des os pour 100 du poids des morceaux, par catégorie.*

RACES.	1re CATÉGORIE.	2e CATÉGORIE.	3e CATÉGORIE.	4e CATÉGORIE.
Normand A..	3,07 0/0	3,51 0/0	4,17 0/0	1,61 0/0
Charolais....	3,00	3,62	3,91	1,21
Landais.....	2,91	3,29	4,02	1,62
Angus......	2,74	4,51	3,58	1,20
Durham.....	2,61	2,62	3,64	1,22
Hereford....	2,56	2,99	3,11	1,16
Normand B..	4,20	5,08	5,26	1,89
Salers......	3,64	3,95	4,51	1,87
Moyenne par tête.	3,09	3,70	4,03	1,47

TABLEAU R. — *Poids de la graisse-déchet pour 100 du poids des morceaux, par catégorie.*

RACES.	1re CATÉGORIE.	2e CATÉGORIE.	3e CATÉGORIE.	4e CATÉGORIE.
Normand A..	7,21 0/0	5,30 0/0	7,78 0/0	0,17 0/0
Charolais....	5,67	5,02	7,51	0,16
Landais.....	4,33	6,08	6,39	0,05
Durham.....	8,74	9,50	11,79	0,34
Hereford....	7,80	8,87	12,71	0,50
Angus......	4,82	9,07	13,18	0,13
Normand B..	3,80	3,83	5,22	0,36
Salers......	3,37	4,56	5,16	0,16
Moyenne par tête.	5,72	6,53	8,72	0,23

TABLEAU S. — *Poids de chair, d'os et de graisse-déchet pour 100 du poids net d'étal, par catégorie et par groupes de races.*

RACES.				1re CATÉGORIE.	2e CATÉGORIE.	3e CATÉGORIE.	4e CATÉGORIE.
Bœufs du concours de boucherie.	Indigènes.	Charolais. Landais. Normand A.	Poids de chair pour 100 de poids net d'étal.	23,72	20,86	22,00	2,84
	Britanniques.	Angus. Hereford. Durham.		20,31	18,57	18,68	2,65
Bœufs achetés sur un des marchés d'approvisionnem.		Salers. Normand B.		25,58	20,92	21,80	3,27
Bœufs du concours de boucherie.	Indigènes.	Normand A. Charolais. Landais.	Poids d'os pour 100 de poids net d'étal.	2,99	3,48	4,03	1,48
	Britanniques.	Angus. Durham. Hereford.		2,61	3,37	3,44	0,19
Bœufs achetés sur un des marchés d'approvisionnem.		Salers. Normand B.		3,92	4,52	4,89	1,88
Bœufs du concours de boucherie.	Indigènes.	Normand A. Charolais. Landais.	Poids de graisse-déchet pour 100 de poids net d'étal.	5,45	5,47	7,23	0,13
	Britanniques.	Durham. Hereford. Angus.		7,12	9,15	12,56	0,32
Bœufs achetés sur un des marchés d'approvisionnem.		Salers. Normand B.		3,59	4,20	5,19	0,26

— C'est dans la *première catégorie*, que le rapport de la chair au poids des morceaux est invariablement le plus élevé, soit qu'on prenne la moyenne totale par tête, soit qu'on compare les trois groupes de races, soit qu'on examine chaque bœuf individuellement.

Vient ensuite, au second rang, la *troisième catégorie*, sans aucune exception, si ce n'est celle fort légère, égale à 0, 05, que présente le Durham.

La *seconde catégorie* se place en troisième lieu, sans d'autre exception que celle du Durham.

La *quatrième catégorie* est nécessairement la dernière.

— Le rapport du poids des *os* à 100 du poids des morceaux est, sans variation, le plus élevé dans la 3e *catégorie,* soit qu'on considère les moyennes par tête, soit qu'on rapproche les trois groupes, soit enfin qu'on considère chaque bœuf individuellement.

La *seconde catégorie* prend la seconde place : il en faut dire autant que relativement à la *troisième* catégorie : aucune exception.

La *première catégorie* vient en troisième ordre; sans exception aucune.

La *quatrième catégorie* est naturellement la dernière.

Le rapport le plus élevé des os pour 100 des morceaux se rencontre dans les quatre catégories chez les deux bœufs achetés au marché; un rapport moindre s'observe, dans les quatre catégories aussi, dans le groupe des bœufs indigènes; le rapport le plus faible descend, dans les quatre catégories encore, pour le groupe des bœufs britanniques.

— Enfin, le rapport le plus élevé du poids de la graisse-déchet se trouve, sans aucune modification, dans la *troisième catégorie.* Cela se produit pour chacun des bœufs, pour chacun des groupes, et pour la moyenne totale par tête.

En second lieu, le rapport le plus fort se présente dans la *seconde catégorie*, à l'exception du groupe indigène, dans les trois têtes qui le composent, et qui prend un rapport plus grand du poids de graisse-déchet dans la première catégorie que dans la seconde.

La *première catégorie* vient au troisième rang.

La *quatrième* a, comme toujours, la moindre importance.

En résumé, ce sont les deux bœufs du marché qui donnent la plus grande proportion de chair dans toutes les catégories, si ce n'est dans la troisième. Ils tiennent aussi le premier rang pour le rapport du poids des os, dans toutes les catégories de viande sans exception. Mais ils se placent au-dessous des deux autres groupes, si ce n'est dans la quatrième catégorie, pour le poids relatif de la graisse-déchet.

Les particularités que présentent ces deux bœufs rendent compte de leur conformation, de la condition modérée de leur engraissement, du développement de leur charpente osseuse, du dépôt plus considérable de graisse dans la région de la troisième catégorie, que dans celle de la seconde, et de la première.

La grande proportion de chair et d'os dans toutes les catégories, surtout dans la première pour la chair et dans la troisième pour les os, le faible rapport du poids de la graisse-déchet dans toutes les catégories, surtout dans la troisième, donnent l'idée de la forme d'une flèche dont la plus grande largeur se trouve en arrière, et la plus petite en avant. D'après leur nature et les régions qu'elles embrassent, les trois dernières catégories, la troisième et la seconde surtout, sont fort osseuses et le développement spécial que prend la quatrième catégorie en poids relatif de parties comestibles, sont autant de caractères qui dénotent dans l'organisation un peu de grossièreté. Déjà d'un âge avancé et n'ayant subi qu'une préparation très-légère pour l'engraissement, le poids de leur chair et de leurs os augmente au rendement net, parce que la faible proportion de graisse-déchet diminue le poids vif.

Pour des motifs analogues, le groupe des bœufs indigènes engraissés au point de vue du concours, se place au second rang pour la quantité totale de leur chair, de leurs os et de leur graisse-déchet.

Enfin, les mêmes raisons anatomiques et physiologiques expliquent pourquoi le groupe des races britanniques donne proportionnellement moins de chair, bien que les os soient plus petits; mais ces races, arrivées à un point extrême d'engraissement, portent, sur la balance, le poids relatif le plus grand de graisse-déchet dans toutes les catégories, voient le poids vif s'élever beaucoup, en même temps que diminue la proportion de chair et d'os.

Si ces conséquences étaient appliquées par la pratique d'une manière absolue, il s'ensuivrait que les bœufs qu'il faudrait préférer comme bêtes de boucherie devraient être âgés, d'un engraissement moyen, parce qu'ils acquerraient, dans toutes les catégories, les poids les plus considérables de viande, bien que leur ossature soit plus pesante, et qu'ils ne donneraient pas une proportion si grande de graisse-déchet. La réduction du poids relatif de viande aurait lieu dès que l'âge des animaux d'engrais diminuerait, parce que la graisse augmenterait malgré le poids moins lourd des os.

Ces dernières conditions, aux yeux d'une logique trop rigoureuse, ne représenteraient pas le meilleur animal d'engraissement et de boucherie; il a moins de chair en même temps que moins d'os, mais il a trop de graisse-déchet inutile à la consommation alimentaire.

Il faut remarquer d'abord qu'il y a quelque chose de vrai dans ces conclusions : l'engraissement ne doit pas être poussé jusqu'à un embonpoint excessif, qui diminue proportionnellement le poids de viande, et rend plus délicat le travail du débit. Mais il serait facile de ne pas mener l'engraissement jusqu'au point qu'atteignent les animaux de concours; le rendement relatif en parties comestibles s'élèverait d'autant plus que la graisse-déchet abonderait moins, et peut-être que les faits qui viennent d'être passés en revue, un peu modifiés dans leur manifestation, pourraient fournir un élément important pour résoudre une des plus grandes questions d'économie rurale : la valeur du travail comparée à celle de l'engraissement des animaux précoces.

Nous reviendrons tout à l'heure sur ce point. Nous devons maintenant compléter nos études sur le débit à l'étal, par un examen du squelette, particulièrement des os longs, et par la détermination des graisses constituées par le suif, par la masse adipeuse qui entoure les reins, et par la graisse-déchet.

OS ENTRANT DANS LA COMPOSITION DES MORCEAUX DE VIANDE. — SQUELETTE. — OS LONGS.

Nous avons vu, dans le grand tableau, le débit du poids net d'étal, en morceaux, rapporté aux différentes catégories, par le dépeçage, le désossage et le dégraissage. Le rendement absolu et relatif en chair, en os et en graisse dans chaque catégorie, dans chaque morceau, pour chaque bœuf, nous a occupés il y a un instant. Le tableau F donne spécialement le nom des morceaux de chaque catégorie, avec l'indication et le poids des os. Les chiffres sont évidemment les mêmes que ceux qui nous ont passé si souvent déjà sous les yeux; mais il n'est pas sans intérêt de grouper les os de manière à donner une idée de leur répartition dans le squelette.

Les sept vertèbres cervicales et la première dorsale, qui ressemble beaucoup à la dernière cervicale, nommée la proéminente, font partie du *collier* ou *collet*, morceau de troisième catégorie.

Les deuxième et troisième vertèbres dorsales sont, avec la partie supérieure des deux premières côtes, la base osseuse de la *surlonge*, de la quatrième catégorie.

Le *train de côtes*, classé dans la seconde catégorie, comprend les onze dernières vertèbres dorsales et la partie supérieure des onze dernières côtes.

Le *faux-filet* ou aloyau, de première catégorie, renferme les six vertèbres lombaires, avec une faible partie d'ilium, et la partie antérieure du sacrum.

La partie postérieure de ce même sacrum est dans le morceau désigné sous le nom de *culotte* ou croupe, de la première catégorie.

C'est sous cette même désignation, dans le même morceau, que les premières des seize vertèbres coccygiennes se rencontrent, accompagnant la portion postérieure du sacrum, et prenant une fraction d'ilium.

Les coxaux sont divisés de plusieurs manières, dans la partie externe de la cuisse, désignée sous le *gîte à la noix*, de première catégorie, qui entraîne une faible portion d'ischium, ou la tête du fémur et le trochanter, ou un morceau de l'os, ou un condyle, ou la surface articulaire du tibia.

La face interne de la cuisse comprend, dans le morceau désigné sous le nom de *tranche-grasse*, ou *pièce ronde*, le *fémur*, la *rotule* qui forme un morceau à part et qu'on nomme la nourrice. Le *tendre* ou *tende de tranche* renferme l'articulation coxo-fémorale, avec le sommet du trochanter, et prend aussi un morceau de *quasi* ou *symphyse pubienne*, sur la ligne où les deux coxaux se réunissent.

Si du bassin nous passons à la région thoracique, nous voyons les côtes se partager de la manière suivante en plusieurs morceaux.

Les deux premières côtes, dans leur partie supérieure, se trouvent placées dans la *surlonge*, de quatrième catégorie. Les onze dernières côtes, dans leur partie supérieure, font partie du *train de côtes*, de seconde catégorie.

La partie moyenne des côtes, de la troisième à la septième, forme la base osseuse du *plat de côtes découvertes*, nommées ainsi parce que, placées sous l'épaule, elles sont recouvertes par peu de viande. La partie moyenne des dernières côtes fait partie du *plat de côtes couvertes*, situées en arrière de l'épaule, et recouvertes d'une couche de chair plus épaisse. La première portion découverte est de seconde catégorie; la portion couverte est de troisième.

La portion antérieure du sternum et la portion inférieure des trois premières côtes se trouvent dans le *gros-bout*, de troisième catégorie.

Les parties cartilagineuses des côtes sternales et la portion postérieure du sternum entrent dans la composition du *tendron*, de troisième catégorie.

Les parties cartilagineuses des côtes asternales se trouvent dans le morceau dit *paillasse*, de troisième catégorie. Les cartilages des trois dernières côtes passent dans le *plat de côtes découvertes*, de seconde catégorie.

Dans le *derrière de paleron*, ou épaule, morceau de seconde catégorie, le scapulum, dans sa partie supérieure, entre avec tout son cartilage.

Sa portion inférieure avec l'articulation *scapulo-humérale*, et la partie supérieure de l'humérus, font partie du morceau nommé *macreuse*, de seconde catégorie. L'articulation *scapulo-humérale* et les portions qui l'entourent portent le nom de *boîte à la moelle*. La région de l'articulation *huméro-radiale* et du coude s'appelle la *charolaise*.

Comparaison des bœufs pour le poids, la longueur et la circonférence des os longs. — Après l'examen des os du tronc, de leur répartition entre les divers morceaux, il nous reste à dire quelques mots des os longs des membres, qui ne sont pas généralement compris en entier dans un même morceau, comme on l'a vu plus haut. Mais il importe, pour une comparaison plus complète de nos bœufs entre eux, de donner quelques détails sur cette partie du squelette, et de rétablir dans son ensemble chacun des os longs en en indiquant les principaux caractères. Aussi ai-je rapproché les parties séparées par le travail de l'étal, et reconstitué chacun des os fragmentés.

La détermination du poids, de la longueur, de la circonférence des os longs fournira des données qui offrent de l'intérêt pour prendre une idée générale de conformation des animaux, pour établir les rapports de la base osseuse des membres avec l'ensemble du squelette, pour caractériser les races dans une de leurs régions organiques qui se prête le plus facilement à l'étude.

Poids des os longs. — En classant les races dont nous avons ici des représentants, d'après le poids de chaque os long, comme le fait le tableau J, on remarque que, pour chacun de ces os, l'ordre dans lequel se présentent nos huit bœufs reste le même d'une manière presque absolue.

Pour le *fémur* et pour l'*humérus*, les races se suivent, identiquement de la même manière, quant au poids. Il en est de même pour les *canons* antérieurs et postérieurs, comparés entre eux. Comparés avec les deux séries du *fémur* et de l'*humérus*, il n'y a qu'un seul changement de place entre deux animaux occupant cependant deux rangs voisins, l'Angus et le Normand A.

Pour le *tibia* et pour *le radius*, il en est à peu près comme pour les deux os longs de la cuisse et du bras, et pour le canon. Les quatre animaux qui commencent chaque série dans le classement de tous les os, sont l'Hereford, le Landais, le Durham, le Salers. Il n'y a pas de variation ; on ne remarque qu'une légère transposition dans le *tibia* et le *radius*, parmi les quatre bœufs formant le second groupe : le Charolais et le Normand A alternent seuls de place.

Ce classement indique assez clairement que, d'une part, les os longs restent en une harmonie déterminée et constante pour chaque race, et que, d'autre part, l'organisation comparée des huit bœufs conserve des rapports toujours identiques dans la série entière des races, de l'une à l'autre.

TABLEAU T. — *Classement des races d'après le* POIDS, *la* LONGUEUR *et la* CIRCONFÉRENCE *des os longs.*

RACES.	FÉMUR. P.	FÉMUR. L.	FÉMUR. C.
	k.	c.	c.
Hereford. . .	2,37	40	15
Landais. . . .	2,42	38	16
Durham. . . .	2,65	38	15
Salers.	3,05	45	16
Normand A.	3,37	46	17
Angus.	3,70	42	19
Charolais. . .	3,83	43	18
Normand B.	3,87	44	16,5
Moyenne par tête	3,16	42	16,5

RACES.	HUMÉRUS. P.	HUMÉRUS. L.	HUMÉRUS. C.
	k.	c.	c.
Hereford. . .	1,92	32	19
Landais. . . .	1,95	30	18
Durham. . . .	1,95	30	19
Salers.	2,20	32	20
Normand A.	2,325	38	18
Angus.	2,625	31,5	20,25
Charolais. . .	2,75	33	19
Normand B.	3 00	34	22
Moyenne par tête	2,34	32,5	19,4

RACES.	CANON ANTÉRIEUR. P.	CANON ANTÉRIEUR. L.	CANON ANTÉRIEUR. C.
	k.	c.	c.
Hereford. . .	0,52	20	14
Durham. . . .	0,57	21	13
Landais. . . .	0,62	20	13,5
Salers.	0,61	23	14
Angus.	0,625	23	14
Normand A.	0,65	24	14,5
Charolais. . .	0,65	22,5	15
Normand B.	0,70	24	14
Moyenne par tête	0,62	22,2	14

RACES.	POIDS DES PIEDS. Antérieur	POIDS DES PIEDS. Postérieur	POIDS DES PIEDS. TOTAL.
	k.	c.	c.
Hereford. . .	3,40	3,70	7,10
Landais. . . .	4,14	4,10	8,24
Durham. . . .	4,40	3,90	8,30
Salers.	......	......	10,00
Charolais. . .	5,30	5,44	10,74
Normand A.	4,80	6,00	10,80
Normand B.	......	......	12,25
Angus.	6,00	6,50	12,50
Moyenne par tête	4,67	4,94	9,99

	TIBIA. P.	TIBIA. L.	TIBIA. C.
	k.	c.	c.
Hereford. . .	1,52	39	14
Landais. . . .	1,72	38	14,5
Durham . . .	1,67	37	14
Salers.	1,95	44	16
Normand B.	2,38	44	16,5
Normand A.	2,39	40	19,5
Charolais. . .	2,45	43,5	16
Angus.	2,59	50	16
Moyenne par tête	2,10	42	16

	RADIUS-CUBITUS. P.	RADIUS-CUBITUS. L.	RADIUS-CUBITUS. C.
	k.	c.	c.
Hereford. . .	1,35	34	17
Durham. . . .	1,42	31	16
Landais. . . .	1,525	38	16,5
Salers.	1,53	35	17
Normand B.	1,68	35	18
Charolais. . .	2,05	38	18
Normand A.	2,25	35	16
Angus.	2,50	40	20
Moyenne par tête	1,79	36	17

	CANON-POSTÉRIEUR. P.	CANON-POSTÉRIEUR. L.	CANON-POSTÉRIEUR. C.
	k.	c.	c.
Hereford. . .	0,55	25	12
Durham. . . .	0,65	26	12
Landais. . . .	0,66	24	14
Salers.	0,70	27	14
Angus.	0,75	27	14
Normand A.	0,77	27	13,5
Charolais. . .	0,80	26	15
Normand B.	0,85	27	14
Moyenne par tête	0,72	26	14

Les différences dans le poids du fémur entre chacune des huit races ne sont pas très-grandes : le poids absolu varie de 2k,37 (Hereford) à 3k,87 (Normand B).

Le poids moyen du fémur est de 2k,91 pour les trois races britanniques; de 3k,21 pour les trois bœufs indigènes du concours; de 3k,46 chez les deux bœufs de nos approvisionnements ordinaires.

Des trois bœufs britanniques et de nos huit bœufs ensemble, le Hereford accuse les poids les plus faibles pour tous les os longs et pour le poids des pieds. Au second rang se place le Durham; l'Angus prend le troisième avec les poids les plus élevés de son groupe, et même pour le tibia et le radius, et pour le poids des pieds.

Des trois bœufs indigènes, le Landais prend le premier rang pour les poids les moins forts dans tous les os longs et pour les pieds. Il vient même prendre place parmi les bœufs britanniques, et se rapproche de ces races au point de vue des os longs, comme nous l'avons vu aussi pour d'autres particularités d'organisation. Le Normand A et le Charolais occupent le second et le troisième rang.

Le Salers et le Normand B conservent toujours les mêmes positions relatives : le Normand B, sauf une exception, vient toujours après le Salers avec des poids plus élevés.

Il serait inutile de passer en revue chacun des os longs; on serait conduit à répéter successivement ce qui vient d'être dit à propos du fémur. Le tableau T met ces résultats en complète évidence. Ce qui importe, c'est de faire saisir cette uniformité dans le classement qui atteste, on peut insister sur ce fait général, une concordance admirable dans l'organisation de nos trois groupes d'animaux.

En résumé, si nous ajoutons au poids des os, qui font la base des morceaux débités à l'étal, les poids des parties osseuses qui n'entrent pas dans les morceaux, c'est-à-dire les os de la face (désignés sous le nom de *canard*), et les quatre pieds, nous trouvons que nos huit races se classent de la manière suivante pour le poids total absolu du squelette, et pour le poids relatif pour 100 du poids vivant.

TABLEAU V.

RACES.	POIDS absolu.	RACES.	RAPPORT à 100 du p. vif.
Hereford	61k,69	Durham	7,81 0/0
Durham	66 ,42	Hereford	8,01
Landais	66 ,62	Landais	8,12
Salers	73 ,94	Charolais	8,38
Charolais	91 ,37	Angus	9,12
Normand A	94 ,84	Normand A	9,39
Normand B	95 ,04	Salers	10,72
Angus	110 ,86	Normand B	11,18

Cette série nous présente, pour l'ensemble des squelettes, le même ordre que nous avons reconnu pour les os longs. Le système osseux tout entier, ou l'une de ses parties, peut donc être indifféremment pris pour caractéristique des races. On est toujours ramené par la comparaison à cette harmonie des organes isolés ou considérés dans leur tout.

Il y a, néanmoins, une sorte d'anomalie quand on compare le poids du squelette pris entier et les poids des os longs chez l'Angus. Le Hereford et le Durham, les deux plus jeunes bœufs, comptant seulement 39 et 41 mois, ont, parmi les races britanniques représentées dans ces études, le squelette le plus léger, et le Hereford prend nettement le premier rang comme ayant à la fois le plus faible poids total du système osseux et des os longs des membres. L'Angus, au contraire, le plus âgé des trois bœufs britanniques, et ayant atteint 57 mois, a le squelette le plus lourd, en conformité avec la lourdeur plus accusée des os longs, bien qu'en revanche son poids relatif pour 100 de son énorme poids vif ne soit que de 9,12.

Ces différences tiennent-elles à la distance qui existe entre les âges? Cela peut être en partie vrai; et cependant le Salers, âgé de 60 mois, le Charolais, âgé de 90 mois, le Normand A, de 64 mois, et le Normand B, de 72 mois, ont tous des squelettes et quelques os longs, moins pesants qu'ils ne le sont chez l'Angus.

A part l'influence probable de l'âge, qui paraît ressortir de la comparaison de l'Angus avec les deux races plus précoces d'Hereford et de Durham, on constate quelques points, je dirais presque de grossièreté acquise par l'animal, et rappelant peut-être, vu l'amélioration récente de la race, l'ancien type devenu, d'ailleurs, si rapidement un magnifique représentant du type nouveau des animaux producteurs exclusifs de viande.

Il faut aussi remarquer que le développement de l'animal est prodigieux.

L'Angus a la plus grande circonférence thoracique, la plus grande largeur aux hanches, par suite, le poids le plus élevé, arrivé à 1 215 kilog.; la longueur de son corps, de la nuque à la queue, est des plus remarquables, sans dépasser une dimension qui lui donnerait l'apparence d'un animal pauvrement élevé. Mais sa taille est en même temps des plus hautes, et il manifeste, dans le poids de ses tibias, de ses radius et de ses pieds, des signes de lourdeur que ne présentent ni le Hereford, ni le Durham.

Un fait qui caractérise le plus la race Angus et notre bœuf Angus en particulier, c'est que, malgré son poids vif, le plus considérable de tous, l'ampleur presque parallélipipédique de son tronc, le poids de son squelette le plus élevé de tous, les poids si grands de ses os longs et surtout de ses pieds, le rapport du poids absolu de son squelette à 100 de son poids vif, n'est pas très-grand, et que si le poids relatif de son crâne et de ses maxillaires est élevé, le poids relatif des os de sa face (le canard) est le plus faible parmi les huit races comparées.

Cet ensemble grandiose qui, en définitive, fournit le rapport le plus considérable de chair pour un même poids de morceaux, soit 60,77 pour 100, porte en même temps des signes frappants de finesse, surtout dans l'extrémité si effilée de la face. Les faits bien établis justifient l'opinion sommaire qu'on prenait de ce splendide animal.

Le deux rapports les plus élevés du poids entier du squelette à 100 du poids vif sont ceux que présentent les deux bœufs de marché : ce rapport est de 10,72 pour le Salers et de 11,18 pour le Normand B. Nous retrouvons encore ici la confirmation des faits du même ordre que ceux que nous avons précédemment constatés sur quelques points de l'ossure de ces races, bien que le Salers soit, en définitive, plus fin généralement.

TABLEAU V. — *Classement d'après les poids des crânes, des maxillaires et des os de la face.*

POIDS DES CRANES.				POIDS DES MAXILLAIRES INFÉRIEURS.				POIDS DES OS DE LA FACE. (CANARD.)			
RACES.	POIDS des crânes.	RACES.	RAPPORT du poids du crâne à 100 de poids vif.	RACES.	POIDS des maxillaires.	RACES.	RAPPORT du poids des maxillaires à 100 de poids vif.	RACES.	POIDS des os de la face.	RACES.	RAPPORT du poids des os de la face à 100 de poids vif.
	k.		0/0		k.		0/0		k.		0/0
Durham...	2,07	Durham...	0,24	Hereford...	1,60	Durham...	0,20	Durham...	3,29	Angus.....	0,33
Hereford...	2,35	Normand A.	0,30	Durham...	1,70	Hereford...	0,21	Hereford..	3,50	Charolais..	0,37
Landais...	2,40	Charolais..	0,30	Salers.....	2,20	Charolais..	0,22	Salers.....	3,50	Durham...	0,39
Salers.....	2,78	Hereford...	0,31	Charolais..	2,40	Angus.....	0,26	Normand B.	3,90	Hereford...	0,46
Normand B.	2,87	Landais...	0,31	Landais...	2,54	Salers.....	0,32	Landais...	4,00	Normand B.	0,46
Normand A.	3,00	Angus.....	0,31	Normand B.	2,90	Landais....	0,33	Angus.....	4,00	Salers.....	0,51
Charolais.	3,25	Normand B.	0,34	Angus.....	3,20	Normand B.	0,34	Charolais..	4,00	Landais...	0,53
Angus.....	3,75	Salers.....	0,40	Normand A.	3,80	Normand A.	0,38	Normand A.	5,50	Normand A.	0,54
Moyenne par tête.	2,81	Moyenne par tête.	0,31	Moyenne par tête.	2,54	Moyenne par tête.	0,28	Moyenne par tête.	3,96	Moyenne par tête.	0,45

Longueur et circonférence des os longs. — Les nombres qui donnent ces deux mesures varient peu pour chaque os, et les moyennes représentent, sans grand écart entre les deux termes extrêmes, les dimensions dont il s'agit.

Voici les poids et les dimensions de chaque os long en moyenne pour les huit bœufs.

TABLEAU X. — *Poids, longueur et circonférence moyens des os longs.*

	FÉMUR.	TIBIA.	HUMÉRUS.	RADIUS.	CANON Antérieur.	CANON Postérieur.
Poids.......	3k,16	2k,10	2k,34	1k,79	0k,62	0k,72
Longueur....	0m,42	0m,42	0m,325	0m,36	0m,222	0m,26
Circonférence.	0,165	0,16	0,194	0,17	0,14	0,14

Le fémur est le plus pesant des os longs, puis vient l'humérus, le tibia et le radius, le canon postérieur, et enfin le canon antérieur. Il résulte de ces différences que les os longs du membre antérieur sont moins pesants que ceux du membre postérieur. Voici la comparaison :

POIDS MOYENS DES OS LONGS DU MEMBRE ANTÉRIEUR.		POIDS MOYENS DES OS LONGS DU MEMBRE POSTÉRIEUR.	
Humérus..........	2k,34	Fémur............	3k,16
Radius-cubitus.....	1,79	Tibia............	2,10
Canon............	0,62	Canon............	0,72
Total.....	4,75	Total.....	5,98

Les pieds antérieurs sont aussi moins pesants que les pieds postérieurs : les premiers pèsent, en moyenne, 4k,67; les seconds, 4k,94.

Il est impossible de déterminer la densité des os par la combinaison des données relatives à la circonférence et à la longueur, d'une part, et avec le poids, d'autre part. Les os longs ne sont pas assez réguliers de forme pour qu'on les puisse considérer comme des cylindres. Cependant, sans vouloir appliquer ici un calcul rigoureux, on constate, pour un même os, des rapports entre la circonférence et la longueur qui permettent de conclure à un plus ou moins grand volume. La connaissance du poids peut fournir, sur cette base, quelques renseignements sur la densité.

Par exemple, pour le Hereford et le Durham, la circonférence du fémur est la même et égale à 15 centimètres. La longueur du même os est de 38 centim. pour le Durham et de 40 centim. pour le Hereford. Le fémur du Durham est donc de 2 centim. plus court que ne l'est le fémur du Hereford. Or, comme la circonférence est la même, et comme le poids est plus élevé chez le Durham que chez le Hereford, on peut conclure à une densité plus grande du tissu osseux pour le premier de ces animaux, comparativement au second.

On trouverait le même résultat, si l'on mettait en parallèle les données relatives aux nombres qui donnent les poids, les longueurs et les circonférences du fémur, pour le Landais et le Durham. Cet os a la même longueur chez ces deux animaux (38 centim.) Pour le premier, la circonférence de l'os est de 16 centim.; elle est de 15 centim. chez le second. Comme le poids est plus élevé chez le Durham, et que la circonférence est plus petite avec une longueur égale, on peut encore conclure que le tissu de l'os est plus dense pour le Durham que pour le Landais.

Ces observations pourraient être appliquées pour les mêmes animaux aux autres os longs. Un coup d'œil sur le tableau K rend vite compte des rapprochements possibles. Les données comparables ne sont pas, d'ailleurs, assez précises pour que ces calculs fournissent des résultats nombreux.

Il est important de dire dans quelles portions des différents morceaux débités se trouvent les os longs. Il a déjà été question d'eux à propos des catégories de qualité dans les viandes.

L'*humérus* a sa partie inférieure comprise dans le morceau de deuxième catégorie appelé *queue de gîte;* sa partie inférieure, dans la *macreuse*, avec la partie inférieure du scapulum, c'est-à-dire de l'articulation scapulo-humérale.

Le radius-cubitus laisse, d'après la coupe adoptée par la boucherie, l'olécrâne tout entier dans le morceau dit la *queue de gîte*, avec la partie inférieure de l'humérus. Les deux os soudés, moins l'olécrâne, se trouvent dans le *gîte de devant*, de troisième catégorie. Le cubitus est plus fort que chez le cheval, bien que le radius garde l'importance; l'union des deux os est encore plus solide que chez le solipède. L'ossification finit toujours par envahir, chez le bœuf, une portion de ligament interosseux. Il s'est présenté plusieurs cas de cette particularité chez les bœufs les plus âgés, comme le Charolais et les Normands,

Le fémur est compris dans la tranche grasse, morceau de cuisse de la première catégorie. La rotule, annexée au tibia, mais placée en avant de la trochlée du fémur, accompagne cet os, en formant un morceau à part, qui porte le nom de *la nourrice*.

D'après Cuvier, le fémur est l'os le plus long du squelette chez l'homme; mais, pour les ruminants et les solipèdes, il est si court, dit-il, qu'il est comme caché dans l'abdomen par les chairs. Ce qui a fait, ajoute Cuvier, qu'on nomme vulgairement cuisse, dans ces animaux, la partie qui correspond réellement à la jambe.

Les observations faites sur nos huit bœufs ne paraissent pas d'accord avec l'opinion formulée par Cuvier, car le fémur est, au contraire, avec le tibia, l'os le plus long des os des membres; ils mesurent l'un et l'autre 42 centimètres en moyenne.

Tandis que le radius a une longueur de 32 centim., et l'humérus une de 32 centim. 5, le canon postérieur accuse 26 centim. de long, et le canon antérieur 22 centim. 2. La brièveté du fémur ne trouve donc pas ici une preuve à l'appui des observations de notre grand naturaliste.

Le *tibia*, avec les os du *jarret*, ou plus exactement du tarse, entre comme base osseuse dans le *gîte de derrière*, dans la troisième catégorie. Ce qu'on appelle la *crosse* est composé de la portion inférieure du tibia et de l'articulation du jarret, où le *calcaneum* fait saillie. J'ai déjà dit que la *rotule*, bien qu'annexée au tibia par trois ligaments funiculaires, forme un morceau à part placé en avant de la trochlée du fémur.

Le *péroné* est remplacé, chez le bœuf et autres ruminants, par un cordon fibreux qui s'étend de l'extrémité supérieure à l'extrémité inférieure du tibia, et qu'il n'est pas rare de voir s'ossifier en tout ou en partie. Le seul vestige osseux qui représente le péroné est un petit os qui correspond à l'extrémité inférieure de l'os et résulte de ce que la tubérosité externe se détache tout à fait du tibia. Ces parties entrent dans le morceau de troisième catégorie nommé le *gîte de derrière*.

L'articulation *coxo-fémorale*, ou de la tranche, forme, avec le sommet du trochanter, la base osseuse de la *tende de tranche*.

Sans entrer dans des détails sur la marche de l'ossification des os longs, je terminerai la description de ces os en disant que l'ossification était tout aussi complète dans nos plus jeunes bœufs que dans les bœufs adultes. C'est encore une preuve en faveur de la précocité.

Graisse-déchet. — Graisse des reins. — Suif. — Plusieurs fois déjà nous nous sommes occupés de la graisse-déchet pour en déterminer le poids total dans les morceaux d'étal, le rapport à 100 de ces morceaux, la répartition dans chaque catégorie de viande; nous avons vu comment le poids relatif de la graisse-déchet augmente ou diminue pour chacun de nos trois groupes de races.

Mais cette étude resterait incomplète, si nous ne cherchions les causes de ces différences dans la quantité de la graisse-déchet. Dans l'engraissement, en effet, la matière grasse ne se sépare pas uniquement ni toujours par grandes couches autour du corps, ou ne pénètre pas nécessairement d'une manière exagérée entre les masses musculaires pour constituer la graisse-déchet. Suivant l'âge des animaux, l'état plus ou moins prolongé de l'engraissement, la condition acquise de l'embonpoint, les aptitudes de la race, la substance adipeuse s'accumule autour des viscères de la cavité abdominale, sous le nom de suif, enferme les reins dans des masses considérables, et enfin constitue dans le poids net la graisse que n'accepte pas le consommateur.

Il importe donc de se rendre compte de l'importance de ces trois sortes de dépôts pour chaque individu et chaque groupe de races. En rapprochant les uns des autres les chiffres qui mesurent cette importance relative, puis en les combinant ensemble, on pourra s'apercevoir, sans doute, des influences réciproques des amas adipeux l'un par rapport à l'autre, par rapport au poids net d'étal et par rapport au poids vif. Ces données sont groupées dans le tableau suivant.

Tableau Y. — *Poids du suif, de la graisse des reins, de la graisse-déchet, et rapport de ces poids à 100 de poids vif.*

RACES.	Poids du suif.	RACES.	Poids de la graisse des reins.	RACES.	Poids de la graisse-déchet.	RACES.	TOTAL des 3 dépôts de graisse.
	k.		k.		k.		k.
Salers. . . .	40	Landais. . .	14,00	Salers. . . .	57,32	Salers. . . .	117.32
Normand B.	67	Hereford .	15,60	Normand B.	63,44	Normand B.	147,44
Hereford. .	75	Normand B	17.00	Landais. . .	77,24	Landais. . .	189,24
Charolais. .	95	Charolais. .	19,50	Charolais. .	120.16	Charolais. .	234,66
Landais. . .	98	Salers. . . .	20,00	Normand A.	129,70	Hereford. .	245.74
Normand A.	123	Durham. . .	21,60	Hereford. .	155,14	Normand A.	274,40
Durham. . .	129,50	Normand A.	21,70	Durham. . .	165,00	Durham. . .	316,10
Angus. . . .	183	Angus. . . .	30.00	Angus. . . .	213,20	Angus. . . .	426,20
Moy. par tête	101,31	Moy. par tête	19,925	Moy. par tête	122,55	Moy. par tête	244

RACES.	Rapport du poids du suif à 100 de poids vif.	RACES.	Rapport du poids de la graisse des reins à 100 de poids vif.	RACES.	Rapport du poids de la graisse-déchet à 100 de poids vif.	RACES.	Rapport du poids total des 3 dépôts de graisse à 100 de poids vif.
	0/0		0/0		0/0		0/0
Salers. . . .	5.80	Charolais. .	1,78	Normand B.	7,48	Salers. . . .	17
Normand B.	7,88	Landais. . .	1,81	Salers. . . .	8,30	Normand B.	17
Charolais. .	8,72	Normand B.	2,00	Landais. . .	10,16	Charolais. .	22
Hereford. .	9,74	Hereford . .	2,03	Charolais. .	11,02	Landais. . .	25
Normand A.	12,18	Normand A.	2,15	Normand A.	12,84	Normand A.	27
Landais. . .	12,89	Angus. . . .	2,47	Angus. . . .	17,55	Hereford. .	32
Angus. . . .	15,06	Durham. . .	2,54	Durham. . .	19,41	Angus. . . .	35
Durham. . .	15,24	Salers. . . .	2,90	Hereford. .	20,15	Durham. . .	37
Moy. par tête	10,93	Moy. par tête	2,21	Moy. par tête	13,37	Moy. par tête	26,5

C'est dans le groupe des deux bœufs achetés sur le marché que le rapport du poids total des trois sortes de graisse est le moins élevé : il est de 17 pour 100 du poids vivant pour l'un et pour l'autre. Dans les races indigènes du concours, le même rapport varie de 22 à 27, soit en moyenne 25.

Il est de 35 chez les races britanniques, moyenne comprise entre 32 et 37.

Ces différences fort sensibles indiquent les degrés d'engraissement où étaient parvenus les animaux comparés. Le Salers et le

Normand B étaient évidemment bien au-dessous des deux autres groupes sous ce rapport. Les races britanniques se plaçaient au premier rang par l'abondance de graisse qu'ils avaient accumulée. C'est dans le représentant de la race de Durham que se trouvait la plus grande proportion de matière grasse.

Mais la somme de la partie adipeuse du corps n'était pas constituée de la même manière pour chaque bœuf, ni pour chaque groupe.

Les deux bœufs de marché sont ceux dont le rapport du poids du suif à 100 du poids vif est le plus faible ; il est en moyenne de 6,84 par tête. Il en est de même pour le poids relatif de la graisse-déchet, comme nous l'avons vu déjà : ce poids est, en moyenne de 7,89. Mais, par une exception singulière, et assez difficile à expliquer, le Salers est celui de nos huit bœufs qui présente le poids relatif le plus élevé de la graisse des reins par rapport à son poids vif; le Normand B n'est pas tout à fait au dernier rang. Le rapport accusé par le Salers est de 2,90; celui qui est propre au Normand B est de 2. En moyenne, pour les deux têtes, 2,45.

Pour comparer les rapports des poids de suif, de graisse des reins, de graisse-déchet, et de la somme de ces trois graisses à 100 de poids vif, on peut rapprocher les résultats dans le groupement résumé qui suit.

TABLEAU Z. — *Classement des groupes de races pour les poids relatifs des graisses.*

GROUPES de RACES.	Rapport du poids du suif à 100 de poids vif.	GROUPES de RACES.	Rapport du poids de la graisse des reins à 100 de poids vif.	GROUPES de RACES.	Rapport du poids de la graisse-déchet à 100 de poids vif.	GROUPES de RACES.	Rapport de la somme de 3 graisses à 100 de poids vif.
Bœufs du marché .	0/0 6,84	Bœufs Indigènes. .	0/0 1,92	Bœufs du marché.	0/0 7,89	Bœufs du marché.	0/0 17
Indigènes. .	11,26	Britanniques	2,35	Indigènes. .	11,33	Indigènes. .	25
Britanniques	12,54	du marché. .	2,45	Britanniques	19,01	Britanniques	35

Les bœufs les plus gras étaient ceux des races britanniques, sans exception aucune; venaient ensuite les bœufs indigènes, c'est-à-dire les deux groupes des bœufs du concours. Au dernier degré d'engraissement se plaçaient les deux bœufs du marché courant.

Le Durham est l'animal le plus gras de son groupe et de nos huit bœufs. L'Angus prend le second rang sous le même rapport. Le Hereford se place le troisième.

Mais le Hereford est en première ligne pour le poids relatif des trois dépôts adipeux; le Durham le suit de près; l'Angus est au troisième rang.

Le Hereford, le plus jeune des huit bœufs, était donc celui des bœufs britanniques et de tous les bœufs qui eût pris la couverture la plus épaisse de graisse à l'extérieur, et c'est dans cette graisse, non dans le dépôt du suif, ni dans l'amas graisseux des reins, que l'accumulation de la matière grasse s'est opérée. C'est là un trait caractéristique des jeunes animaux précoces.

Le Durham, le plus jeune des bœufs après le Hereford, tout en donnant un poids relatif de graisse-déchet très-voisin de celui du Hereford, donne les poids relatifs les plus élevés pour l'ensemble des trois graisses, pour le suif et pour la graisse des reins.

Pour la graisse en couverture, le Durham se comporte comme le fait un jeune bœuf, et spécialement le Hereford; mais il témoigne en même temps de sa maturité plus grande en prenant le plus fort poids relatif de suif et une des deux proportions les plus fortes de graisse des reins; il s'est engraissé comme une bête plus réellement adulte. C'est une preuve de précocité plus profonde et plus caractérisée chez lui.

L'Angus, plus âgé de près de plus d'un an et demi, s'approche à la fois du Hereford et du Durham pour l'ensemble du poids relatif des trois graisses, pour celui de la graisse-déchet. Il est plus voisin du Durham pour le poids du suif et de la graisse des reins. Il cumule donc le mode d'engraissement d'un animal précoce et d'un animal adulte, ayant pris beaucoup de graisse extérieure et intérieure.

Les trois bœufs de concours appartenant à nos races indigènes forment le second groupe pour le développement total des trois sortes de graisses et pour l'accumulation de la graisse-déchet. La moyenne du poids total des trois graisses s'élève à 25 pour 100 du poids vif, et celle du poids relatif de la graisse-déchet à 11,33. Dans l'un et l'autre cas, il y a peu de distance entre les deux poids extrêmes. L'âge moyen des trois bœufs est de 70 mois, parmi lesquels figure le Charolais, âgé de 90 mois, et le Landais, de 55 mois.

C'est au plus bas poids relatif de la graisse des reins, dans le rapport de 1,92 à 100 du poids vif, que ce même groupe de bœufs indigènes prend place. C'est au rapport le plus élevé en suif, égal à 11,26, qu'il se range.

L'engraissement de ce groupe est d'un caractère plus adulte et moins précoce que celui des bœufs britanniques, et c'est le Landais qui fournit relativement le plus de suif.

Il serait inutile de rappeler ce que nous avons dit des deux bœufs de marché, d'un engraissement peu prononcé, si ce n'est que le Salers présente le poids relatif le plus fort de graisse des reins sur les huit bœufs débités.

Viande débitée : chair et os. — Jusqu'ici nous avons analysé la structure de la machine animale destinée à la consommation alimentaire; nous avons réuni tous les éléments qui peuvent éclairer sur chaque point la comparaison des races de boucherie, dans les détails du dépeçage, du désossage, du dégraissage à l'étal. Il faut maintenant tirer la conclusion dernière qui nous permette de juger et de classer les races dont nous venons d'étudier les représentants, et d'apprécier la valeur définitive du rendement de ces races considérées comme machines à produire la viande. Notre but était d'arriver à établir ce rendement; nous voici au terme de nos observations.

La viande n'est pas vendue à l'étal telle qu'elle résulte de son débit en morceaux. Une quantité plus ou moins grande de graisse en excès est enlevée; et il ne reste qu'une proportion convenable de matière grasse avec la chair et les os. C'est dans cet état que la viande entre dans la consommation; c'est donc dans la combinaison, en proportions variables, des poids réunis de chair et d'os que consiste le rendement véritable en viande et que se traduit la machine animale.

Les poids de chair et d'os par rapport à 100 du poids des morceaux ont été indiqués déjà isolément aux tableaux P, Q, R, S; il faut ici en faire un seul poids qui représente la viande produite par chacun de nos bœufs, dans chaque groupe et dans chaque catégorie.

TABLEAU ZZ. — *Poids réunis de chair et d'os constituant la viande, rapportés à 100 du poids total des morceaux.*

RACES.			1re CATÉGORIE.	2e CATÉGORIE.	3e CATÉGORIE.	4e CATÉGORIE.	Les quatre catégories réunies.
Bœufs du concours de boucherie.	Indigènes.	Charolais...	27,43	24,67	25,33	4,21	81,64
		Landais....	27,21	24,01	27,32	4,58	83,15
		Normand A.	25,55	24,34	25,44	4,18	79,51
Moyenne par tête........			26,73	24,35	26,03	4,32	81,43
Bœufs du concours de boucherie.	Britanniques.	Angus.....	24,32	23,09	22,18	3,21	72,80
		Hereford...	22,61	21,56	22,04	3,91	70,12
		Durham....	21,90	21,18	22,15	4,40	69,63
Moyenne par tête........			22,94	21,94	22,12	3,84	70,85
Bœufs achetés sur un des marchés d'approvisionnement.		Normand B.	29,55	25,85	26,24	5,15	86,79
		Salers.....	29,45	25,03	27,12	5,14	86,74
Moyenne par tête.......			29,50	25,44	26,68	5,15	86,77

Il résulte de la comparaison de ces chiffres que le rapport moyen du poids de chair et d'os contenu dans la viande à 100 du poids total des morceaux, est le plus élevé dans le groupe des deux bœufs achetés sur le marché, que dans les deux autres groupes de races qui ont paru sur le champ du concours de boucherie. C'est le Normand B qui présente le poids relatif de viande le plus considérable; tout à côté de lui se place le Salers.

Au second rang se place le groupe de nos bœufs de concours appartenant à nos races indigènes. Le Landais est celui des trois qui donne le poids relatif le plus fort.

Le groupe des bœufs de concours, formé par les races britanniques, vient en troisième et dernier lieu. C'est l'Angus qui fournit le plus grand poids relatif de viande ; c'est le Hereford qui donne le plus faible, non-seulement parmi ses compatriotes, mais sur les sept autres bœufs débités à l'étal.

Ce qui est vrai pour les trois rapports moyens des poids réunis de chair et d'os relativement à 100 des morceaux, qui caractérisent les trois groupes, l'est aussi pour chacune des quatre catégories dans chaque groupe.

Nous pouvions nous être déjà convaincus, que la conclusion à laquelle nous arrivons, se manifestait pas à pas, pour se formuler enfin elle-même. Déjà nous avons trouvé les explications des faits qui se résument ici, principalement quand il s'est agi de déterminer les poids relatifs séparément pour la graisse-déchet, pour la chair et pour les os (p. 23-45). Il serait donc superflu de répéter ce qui a déjà été dit.

Mais il ne paraît pas sans intérêt de terminer ces recherches en disant combien il y a de chair et d'os, en moyenne, dans un kilogramme de viande fourni par chacun de nos bœufs.

TABLEAU XX.

AGE.	RACES.	POIDS RÉUNIS de la chair et des os.	CHAIR ET OS dans 1 kil. de viande.	
			CHAIR.	OS.
		k. gr.	k. gr.	k. gr.
39 mois.	Hereford	364,33	0,860	0,140
55 —	Landais	381,85	0,858	0,142
90 —	Charolais	533,85	0,857	0,143
41 —	Durham	378,35	0,855	0.145
64 —	Normand A	503,69	0,845	0,155
60 —	Salers	375,19	0,836	0,161
57 —	Angus	570,74	0,835	0,165
72 —	Normand B	416,90	0,811	0,189

Il se produit ici un fait qui peut paraître d'abord assez difficile à expliquer. Nous savons que le Hereford est celui de nos huit bœufs qui donne la proportion la plus faible de viande pour 100 des morceaux entiers ; et nous nous sommes expliqué cette infériorité relative par l'élévation du poids de la graisse-déchet, qui était, chez le même animal, le plus élevé de tous.

Quand les morceaux entiers ont été débarrassés de cette quantité considérable de graisse-déchet, et que la viande ne se présenta plus que constituée par la chair et les os, le Hereford, dont l'ossature est la plus réduite, reprit naturellement l'avantage sur les autres bœufs, et il en résulte que c'est cet animal qui, pour un même poids de viande, donne la plus forte proportion de chair et le plus faible poids d'os.

C'est par des raisons inverses résultant cependant de faits du même ordre, que les bœufs du marché qui, pour un poids donné des morceaux entiers, offraient les poids relatifs les plus petits de graisse-déchet, parurent donner la proportion la plus grande de viande, ramenée à ne plus contenir que la chair et les os. Mais alors, quand la graisse en excès fut enlevée aux morceaux entiers, pour tous les animaux, quand la comparaison ne porta plus que sur la viande seulement, ces bœufs durent perdre leur apparente supériorité, car le poids relatif de leurs os était le plus considérable parmi les huit bœufs.

Ainsi, il se fait un revirement complet : le Normand B, qui prenait le premier rang pour la chair, pour les os et pour la viande, avec une des deux plus faibles proportions de graisse-déchet, descend au dernier, quand la comparaison s'établit sur la viande telle qu'elle est livrée au consommateur. D'autre part, le Hereford qui occupait la dernière place pour la chair et les os, mais qui montrait une des deux couches de graisse-déchet les plus développées, prend la tête sur tous les bœufs, quand les morceaux entiers restent sans graisse excessive.

Il en résulte que les races précoces devraient être trop poussées à une production exubérante de graisse, et que cependant déjà, quand cette proportion si considérable de graisse est enlevée, la viande de ces races se présente au consommateur dans les meilleures conditions.

Il faut remarquer, d'ailleurs, que la graisse formant déchet ne reste pas sans valeur, qu'elle va au suif et est fondue avec lui.

Ce dernier point de vue nous conduit à examiner une des questions les plus graves de l'économie rurale, sur lesquelles les observations consignées dans ce mémoire peuvent jeter quelque lumière.

V

AVANTAGES COMPARÉS QUE PRÉSENTE LA PRODUCTION DE LA VIANDE PAR LES RACES PRÉCOCES OU PAR LES RACES DE TRAVAIL.

En supposant que la viande soit débarrassée ou dépourvue de toute graisse en excès, et qu'elle ne conserve plus que les parties vendables, la chair et les os, telles que les demandent les consommateurs, est-il plus avantageux pour l'éleveur de n'engraisser d'une manière commerciale que des bœufs âgés, dont la vie s'est écoulée dans le travail, ou de préparer des bœufs précoces, mûrs de bonne heure pour l'abattoir.

La question d'âge, mise en regard du rendement en viande, va fournir une réponse dont les éléments se trouvent parmi les détails qui viennent d'être étudiés.

Quatre bœufs, pris dans chacun des trois groupes que nous avons distingués à chaque pas dans ce travail, vont servir à la comparaison importante qu'il s'agit d'établir.

Nous opposerons les types les plus nettement caractérisés : le Hereford et le Durham, le Charolais et le Normand B.

Tous les faits de nature à fournir des renseignements à la discussion sont consignés au tableau suivant :

TABLEAU VV. — *Comparaison de quatre bœufs d'âges et de races diverses pour la production de la viande*

	CHAROLAIS. Du concours.		NORMAND B. acheté sur le marché d'approvisionnement.		HEREFORD. Du concours.		DURHAM. Du concours.	
Age	90 mois (7 à 8 ans).		72 mois (6 ans).		39 mois (3 ans, 3 mois).		41 mois (3 a. 4 m. 25 j.).	
Poids vif	1090^{k}		850^{k}		770^{k}		850^{k}	
Poids net d'etal	653^{k},91		480^{k},34		519^{k},47		543^{k},35	
Rapport du poids net d'étal à 100 de poids vif	60^{k}61		56^{k},46		67^{k},45		63^{k}88	
	k	P. 100 de p. net.	k		k		k	
Le poids net des morceaux débités à l'étal se décompose en graisses-déchet	120,16	18,38	63,44	13,21	155,14	29,86	165,00	30,37
os	76,63	11,70	78,89	16,42	51,09	9,83	54,83	10,09
chair	457,22	69,92	338,01	70,37	313,24	60,31	323,52	59,54
Les morceaux étant dégraissés, la chair et les os formant ensemble la viande telle que le boucher la vend, il reste à débiter	533,85	81,62	416,90	86,79	364,33	70,32	378,35	69,63
1 kil. de cette viande contient os	0^{k},143^{g}		0^{k},189^{g}		0^{k},140		0^{k},145^{g}	
chair	0 ,857		0 ,811		0 ,860		0 ,855	
	1^{k},000^{g}		1^{k},000^{g}		1^{k},000^{g}		1^{k},000^{g}	

Si l'on admet que le prix moyen du kilogramme de cette viande soit de 1 fr. 25, la somme totale payée par le consommateur serait, pour chacun des quatre bœufs, de :

667 fr. 30 c. pour le Charolais qui livre 533 k. 85 de viande.
521 10 — Normand B — 416 90 —
455 40 — Hereford — 364 33 —
467 90 — Durham — 378 35 —

Comparons, d'après ces bases, nos bœufs, deux à deux, d'abord pour leur âge, afin de poser la question qu'il importe tant de résoudre.

Le plus jeune des bœufs est le Hereford : il compte 39 mois,

3 ans 3 mois; — le plus âgé est, après le Charolais, âgé de 72 mois ou 6 ans, c'est le Normand B. Il y a donc entre les deux animaux une différence de 33 mois, ou de deux ans et trois mois; trois mois seulement de plus, et le Normand aurait précisément le double de l'âge du Hereford. Cette légère différence ne saurait s'opposer à ce que nous considérions les choses ainsi.

Prenons le Hereford comme unité de production de viande, nous voyons d'abord que cette race précoce donne, à 39 mois, 364 kil., tandis que le Normand B en donne 417 kil., c'est-à-dire 53 kil. seulement en plus pour une différence de près de trois ans.

Or, il ne faut pas perdre de vue que la graisse-déchet a été enlevée dans l'un et l'autre bœuf, et que la quantité de cette graisse égale le tiers du poids total des morceaux, chez le Hereford, et le septième ou huitième du poids total des morceaux, chez le Normand.

Ce Normand, à 72 mois, c'est-à-dire à un âge sensiblement de moitié plus élevé que celui du Hereford, donne 416 kil. 90 de viande au prix de 521 fr. 10.

Pendant le même temps, on obtiendrait d'un engraissement de deux bœufs de la race Hereford, exactement 728 k. 66, mais on peut dire, pour compenser la légère différence d'âge, 725 kil. de viande au prix de 906 fr. 25 cent. L'avantage des deux bœufs Hereford comme producteurs de viande est donc de 308 kil. au prix de 385 francs.

Le travail fourni par le Normand est-il capable de compenser cette plus-value obtenue de deux Hereford, en quantité de produits et en valeur en argent?

Les faits répondront tout à l'heure quand nous aurons poursuivi nos calculs dans les mêmes conditions, pour le Hereford et le Durham, comparés l'un après l'autre au Charolais.

Le Charolais est âgé de 90 mois; il a donc 51 mois ou quatre ans et trois mois de plus que le Hereford, c'est-à-dire un âge beaucoup plus que double que celui de ce bœuf.

Il a donné à la consommation $533^k,85$ de viande au prix de 667 fr. 30 c.

Et cependant deux Hereford, suivant ce que nous venons de dire, auraient produit $728^k,66$ de viande au prix de 910 fr. 80 c., avec une différence de 195^k de viande au prix de 243 fr. 75 c.

Si l'on compare ce même bœuf Charolais et sa production en viande après une existence qui a duré 90 mois, avec la production de deux Durham âgés chacun de 41 mois, on voit que les deux derniers animaux fournissent, en un temps moindre que celui de la vie du Charolais, un poids de 759^k de viande au prix de 946 fr. 25 c.

C'est-à-dire que les deux Durham, comme producteurs de viande, donneraient 223^k au prix de 278 fr. 75 c., en plus du poids de viande qu'on obtient du bœuf Charolais.

On se demande encore, en présence de ces résultats, si le travail du Charolais peut compenser, par sa valeur, la somme de viande et d'argent qu'on retire, en temps égal, des deux Hereford ou des deux Durham.

Nous ne possédons pas malheureusement sur le travail des bœufs des renseignements aussi précis que ceux qui viennent de nous être fournis par les observations sur la production de la viande. Mais en réunissant plusieurs données, et spécialement celles qui résultent des expériences continuées pendant des années à Hohenheim[1], on trouve, qu'en moyenne, la journée de travail d'un bœuf coûterait, en été 86 cent., et 57 cent. en hiver. On pourrait admettre, comme cela résulte des mêmes expériences, que le bœuf travaille pendant 200 à 210 jours dans l'année, et en prenant, pour chaque jour, un prix moyen de 70 à 75 cent., on trouverait que le travail annuel d'un bœuf coûte de 140 à 150 fr. Nous ne parlons pas de la recette due au fumier; les animaux à l'engrais en donneraient au moins une quantité égale à celle des bœufs de travail.

Ainsi, alors que dans un même temps serait produit par les deux Hereford pour 385 fr. de plus en viande comparativement avec le Normand, il faudrait que, pour compenser cette différence en forces des deux Hereford, le travail du bœuf Normand, supposé être d'une durée de deux ans, donnât en recette une somme égale à celle de la plus-value donnée en viande pour les deux animaux précoces, soit, par an, 149 fr. 50.

Or, le travail du bœuf coûte annuellement 140 à 150 fr.[2]; il res-

1. *Cours d'économie rurale*, de M. Garitz, traduit par M. J. Ruffel; 1850. t. II, p. 138-148.

2. M. Lecouteux (*Principes de la culture améliorante*, 2e édit., p. 104 et suiv.) présente la dépense des bœufs de travail sous une autre forme : il n'admet pas

terait donc comme recette-travail 45 à 50 fr., soit 90 à 100 fr. en deux ans. C'est là ce qui viendrait en compensation avec la plus-value en viande produite par les deux Hereford. Il ne semble donc pas que, d'une manière générale, le travail d'un bœuf âgé équivaille en valeur au rendement plus considérable en viande et en argent produit par deux animaux d'un âge moitié moindre, consacrés exclusivement à la production de la viande.

Ce qui vient d'être dit, à propos des deux Hereford et du Normand, serait également vrai pour les deux Hereford ou les deux Durham comparés au bœuf Charolais. Il est inutile de poursuivre plus loin ces calculs qui mènent aux mêmes conséquences.

Une remarque qui ne manque pas d'importance, surtout pour les consommateurs qui ne passent pas par toutes les considérations précédentes pour acheter un kilogr. de viande, c'est la quantité fort différente de chair et d'os contenue dans ce kilogr., chez les bœufs des diverses races. Ainsi, pour chacun des quatre bœufs dont il vient d'être question, le kilogr. de viande contient :

Chez le Hereford,	860 gr. de chair et		140 gr. d'os;	
Chez le Charolais,	857	—	143	—
Chez le Durham,	855	—	145	—
Chez le Normand,	811	—	189	—

Les conséquences à tirer de l'observation des faits et de ces considérations, c'est que, d'abord, il y a de grands avantages à spécialiser les races dans leurs aptitudes; que la précocité est une qualité certaine et incontestable, la meilleure condition pour produire une plus grande somme de viande en un temps plus court; qu'on obtiendrait, d'ailleurs, des résultats meilleurs encore, si l'on ne poussait pas ces animaux précoces à un embonpoint trop rapide et excessif.

Quand je parle des races précoces comparées aux races de

de jour de repos, et compte 200 jours d'hiver et 165 jours d'été; les frais annuels de nourriture s'élèvent à 360 fr. 30 c., soit environ 1 fr. par jour. Le prix de revient du travail des attelages de six bœufs, mis à une charrue de défrichement, s'élève à 43 fr. pour les six bœufs par hectare défriché à 25 c. ou 30 c. de profondeur. Les fumiers sont en déduction pour un prix de 55 fr. Les frais de nourriture et le prix de revient du travail des bœufs est donc plus élevé que ne le présentent les expériences d'Hohenheim.

travail, je suis bien loin de présenter la précocité comme devant être immédiatement appliquée partout, et les races britanniques comme devant être partout employées, soit en les multipliant, soit en les utilisant par des croisements. Il en est de l'exploitation des animaux supérieurs comme de l'application à la culture des procédés perfectionnés, la suppression des jachères et la pratique de l'alternat. Il y a des périodes diverses en zootechnie comme en agriculture; il faut savoir s'arrêter aux degrés successifs d'amélioration, jusqu'à ce qu'on arrive à la perfection qui consiste, pour le problème de la production de la viande, à obtenir, le plus tôt possible, le rendement le plus élevé.

VI

RÉSUMÉ DES CONCLUSIONS RELATIVES AUX FAITS QUI SE RATTACHENT AU DÉBIT DU POIDS NET D'ÉTAL.

— Dans le débit du poids net d'étal, les races britanniques donnent le plus faible rapport du poids de chair et d'os à 100 du poids total des morceaux; la plus grande proportion de graisse-déchet pour le même poids des morceaux.

— Chez nos races indigènes, il y a plus de chair, plus d'os, moins de graisse-déchet.

— Ces différences proviennent, en grande partie, de la proportion pour laquelle la graisse-déchet entre dans le poids total des morceaux. Elles dépendent pour beaucoup de l'âge, par conséquent de la précocité des races britanniques.

— Pour les deux bœufs achetés sur le marché, ils donnent le rapport le plus élevé, de tous les huit bœufs, en chair et en os, et le rapport relatif le plus faible en graisse-déchet. C'est cette diminution dans la proportion de graisse-déchet qui explique le poids plus fort de chair et d'os, de même que c'est une proportion fort élevée de graisse-déchet qui amoindrit le poids de chair et d'os dans les deux autres groupes, surtout dans le groupe des races britanniques.

L'engraissement des deux bœufs est moins avancé que celui des six bœufs de concours, et ils sont âgés de cinq à six ans.

— Tous les morceaux des diverses parties du corps n'ont pas une même valeur; ils ont été classés généralement en quatre catégories, dont les caractères et la qualité tiennent à la constitution intime de la viande, au mélange plus ou moins prononcé de la chair et de la graisse, à leur plus ou moins grande richesse en fibres, déterminant leur plus ou moins grande épaisseur, à leur rôle physiologique, à leur plus ou moins d'activité, amenant dans la masse une proportion plus ou moins considérable des liquides nourriciers, à leur fatigue plus ou moins prolongée dans l'exercice fonctionnel qui leur est propre.

La présence des parties tendineuses et aponévrotiques abaisse généralement la qualité des viandes.

— De la comparaison des poids relatifs des morceaux dans chaque catégorie, par rapport à 100 du poids net d'étal, il ressort ces faits, que :

A de légères différences près, un tiers des morceaux débités, c'est-à-dire 32 pour 100 du poids total des morceaux, représente chacune des trois premières catégories; la quatrième figure pour très-peu plus de 4 pour 100.

A l'exception des deux bœufs du marché, la troisième catégorie donne les poids relatifs les plus élevés pour 100 des morceaux.

C'est le groupe britannique qui fournit la proportion la plus forte dans les morceaux de troisième et de deuxième catégorie. Cette supériorité est en harmonie avec le développement caractéristique de toute la région thoracique dans les races précoces.

Les deux bœufs du marché accusent le poids relatif le plus fort de morceaux dans la première catégorie. Cette particularité traduit une différence entre le volume de la moitié postérieure et celui de la moitié antérieure du corps; les animaux étant alors larges en arrière, resserrés du devant.

— C'est dans la première catégorie que le rapport du poids de *chair* au poids des morceaux est invariablement le plus élevé, soit qu'on prenne la moyenne totale par tête, soit qu'on compare les trois groupes de races, soit qu'on examine chaque bœuf individuellement.

— Au second rang vient la troisième catégorie, sans aucune exception.

— La seconde catégorie se place en troisième lieu.

TAB. AL. *Résumé de la décomposition du poids net d'état en catégories diverses, rapportée à 100 des morceaux dans chaque catégorie.*

RACES.		BŒUFS PRIMÉS AU CONCOURS DE POISSY EN 1862. RACES FRANÇAISES. LANDAIS.				NORMAND A.				CHAROLAIS.				BŒUFS DES RACES FRANÇAISES qui approvisionnent ordinairement les marchés de Paris. SANERS.				NORMAND B.			
		Poids total des morceaux.	Poids des os.	Poids de la graisse.	Poids de la chair.	Poids total des morceaux.	Poids des os.	Poids de la graisse.	Poids de la chair.	Poids total des morceaux.	Poids des os.	Poids de la graisse.	Poids de la chair.	Poids total des morceaux.	Poids des os.	Poids de la graisse.	Poids de la chair.	Poids total des morceaux.	Poids des os.	Poids de la graisse.	Poids de la chair.
		k	k	k	k	k	k	k	k	k	k	k	k	k	k	k	k	k	k	k	k
Poids absolus.	1re catégorie .	144,30	13,34	19,76	111,70	207,70	19,48	45,84	142,38	216,42	19,56	37,10	159,76	141,92	15,74	14,56	111,62	160,16	20,14	18,24	121,78
	2e catégorie .	138,26	15,08	27,92	95,26	187,74	22,42	33,56	131,76	194,18	33,66	32,94	137,68	128,02	17,10	19,74	91,18	142,58	24,38	18,42	99,78
	3e catégorie .	154,78	18,48	29,32	106,98	210,40	26,44	49,26	134,70	214,72	25,52	49,08	140,12	139,56	19,52	22,32	97,72	151,14	25,28	25,08	100,78
	4e catégorie .	21,25	7,48	0,24	13,53	27,55	10,20	1,04	16,31	28,59	7,89	1,04	19,66	22,91	8,08	0,70	14,13	26,46	9,09	1,70	15,67
		459,09	54,38	77,24	327,47	633,39	78,54	129,70	425,15	653,91	76,63	120,16	407,22	432,41	60,44	57,32	314,65	480,84	78,89	63,44	338,01
Poids pour 100 du poids net d'état.	1re catégorie .	31,54	2,91	4,33	24,30	32,79	3,07	7,24	22,48	33,10	3,00	5,67	24,43	32,82	3,64	3,37	25,81	33,35	4,20	3,80	25,35
	2e catégorie .	30,12	3,29	6,08	20,75	29,64	3,54	5,30	20,80	29,69	3,62	5,02	21,05	29,60	3,95	4,56	21,08	29,68	5,08	3,83	20,77
	3e catégorie .	33,71	4,02	6,39	23,30	33,22	4,17	7,78	21,27	32,84	3,91	7,51	21,42	32,28	4,51	5,16	22,61	31,46	5,26	5,22	20,98
	4e catégorie .	4,63	1,63	0,05	2,95	4,35	1,61	0,17	2,57	4,37	1,21	0,16	3,00	5,30	1,87	0,16	3,27	5,51	1,89	0,36	3,26
		100,00	11,85	16,84	71,30	100,00	12,39	20,47	67,12	100,00	11,74	18,36	69,90	100,00	13,97	13,25	72,77	100,00	16,43	13,21	70,36

RACES.		RACES BRITANNIQUES. HEREFORD.				DURHAM.				ANGUS.			
		Poids total des morceaux.	Poids des os.	Poids de la graisse.	Poids de la chair.	Poids total des morceaux.	Poids des os.	Poids de la graisse.	Poids de la chair.	Poids total des morceaux.	Poids des os.	Poids de la graisse.	Poids de la chair.
		k	k	k	k	k	k	k	k	k	k	k	k
Poids absolus.	1re catégorie .	157,96	13,34	40,46	104,10	166,46	14,20	47,48	104,78	228,40	21,50	37,80	169,10
	2e catégorie .	158,08	15,54	46,06	96,48	166,74	14,26	51,60	100,88	252,14	35,31	71,10	145,73
	3e catégorie .	180,50	16,16	66,02	98,32	184,42	19,76	64,04	100,62	277,20	28,10	103,30	145,80
	4e catégorie .	22,93	6,05	2,60	14,28	25,73	6,61	1,88	77,24	26,20	9,45	1,00	15,75
		519,47	51,09	155,14	313,24	543,35	54,83	165,00	323,52	783,94	94,36	213,20	476,38
Poids pour 100 du poids net d'état.	1re catégorie .	30,41	2,56	7,80	20,05	30,64	2,61	8,74	19,29	29,14	2,74	4,82	21,58
	2e catégorie .	30,43	2,99	8,87	18,57	30,68	2,62	9,50	18,56	32,16	4,51	9,07	18,58
	3e catégorie .	34,75	3,11	12,71	18,93	33,94	3,64	11,79	18,51	25,36	3,58	13,18	18,60
	4e catégorie .	4,41	1,16	0,50	2,75	4,74	1,22	0,34	3,18	3,34	1,20	0,13	2,01
		100,00	9,82	29,88	60,30	100,00	10,09	30,37	59,54	100,00	12,03	27,20	60,77

— La quatrième est nécessairement la dernière.

— Le rapport le plus élevé du poids des *os* et de la *graisse-déchet* à 100 du poids total des morceaux, se trouve, sans variation, dans la troisième catégorie, quel que soit l'ordre qu'on suive dans la comparaison des résultats.

— Au second rang la seconde catégorie prend place, à l'exception du groupe indigène pour la graisse-déchet.

— La première catégorie vient en troisième ordre.

— La quatrième est la dernière.

— Ce sont les deux bœufs du marché qui présentent la plus grande partie d'*os* dans toutes les catégories, et la plus grande portion de *chair*, si ce n'est dans la troisième.

Ils donnent, par compensation, le plus faible rapport de graisse-déchet, si ce n'est dans la quatrième catégorie.

Ce sont encore là des particularités dont la conformation de ces deux bœufs, la condition modérée de leur engraissement, le développement de leur charpente osseuse, rendent compte.

— Pour des motifs analogues, le groupe des races indigènes prend le second rang, pour le poids relatif total de leur chair, de leurs os et de leur graisse-déchet.

Enfin, le groupe des races britanniques vient en dernier lieu, fournissant proportionnellement, pour 100 du poids total des morceaux, moins de chair, bien que les os soient petits, et beaucoup plus de graisse-déchet.

Les mêmes raisons anatomiques et physiologiques expliquent ces résultats divers.

— Pour le poids de chaque os long, l'ordre dans lequel se présentent les huit bœufs, reste le même d'une manière presque absolue.

Les races se suivent identiquement de la même manière pour le fémur et l'humérus, pour le tibia et le radius, pour les canons antérieurs et postérieurs.

— Les os longs restent donc en une harmonie déterminée et constante pour chaque race, et, d'autre part, il y a une uniformité dans le classement qui atteste une concordance complète dans l'organisation des trois groupes d'animaux.

— Le système osseux, pris dans son ensemble, présente le même ordre que pour les os longs.

Le système osseux tout entier, ou l'une de ses parties, peut donc être indifféremment pris pour caractéristique des races. Il y a là encore harmonie des organes isolés ou considérés dans leur tout.

— Tous ces faits démontrent qu'il existe des types constants fondamentalement établis sur un même plan d'organisation, et qui ne subissent d'autres modifications que celles qui résultent du développement de certaines parties du corps, en raison d'influences physiologiques diverses.

— Les deux rapports les plus élevés du poids entier du squelette à 100 de poids vif, sont ceux que présentent les bœufs du marché; les deux plus faibles sont ceux du Durham et du Hereford, à côté duquel se place le Landais.

— Les deux dimensions *longueur* et *circonférence*, varient peu pour chaque os.

— Les poids moyens des os longs des membres et des pieds sont plus forts dans le membre antérieur que dans le membre postérieur.

— L'ossification des os longs était tout aussi complète chez les bœufs des races précoces que chez les bœufs des races tardives.

— C'est dans le groupe des races britanniques que se trouvent les animaux les plus gras, pour les trois sortes de graisse, suif, graisse des reins, et graisse-déchet. Viennent ensuite les bœufs indigènes, c'est-à-dire les deux groupes du concours. Au dernier degré se placent les deux bœufs du marché courant.

— C'est dans les deux bœufs du marché que le rapport moyen du poids de chair et d'os, constituant la viande, à 100 du poids total des morceaux, est le plus élevé.

Le groupe de nos bœufs indigènes du concours se place au second rang.

Le groupe des bœufs britanniques vient en troisième lieu.

— Dans un kilogramme de viande, c'est chez l'Hereford que le poids de chair est le plus grand, et que le poids des os est le plus petit. C'est chez le Normand B que le poids de la chair est, dans un kilogramme de viande, le moins faible, et le poids des os le plus faible.

— C'est dans cette dernière conclusion que se résume la valeur comparée des races dont nous avons comparé les représentants comme producteurs de viande.

— Il semble y avoir plus d'avantage à produire de la viande par les races précoces que par les races de travail avec des sujets plus âgés.

— Le travail ne paraît pas compenser, chez le bœuf d'âge, la plus-value en viande et en argent qu'on peut obtenir par l'engraissement de deux bœufs jeunes, ayant l'un et l'autre la moitié d'âge d'un animal de travail.

— La suppression du travail des bœufs et la production exclusive de viande par les bœufs précoces, ne doit pas être conseillée partout; il y a des degrés de perfectionnement successif.

Paris. — Imprimerie de P.-A. BOURDIER et Cie, rue Mazarine, 30

www.ingramcontent.com/pod-product-compliance
Ingram Content Group UK Ltd.
Pitfield, Milton Keynes, MK11 3LW, UK
UKHW021629260726
13994UKWH00003B/1142